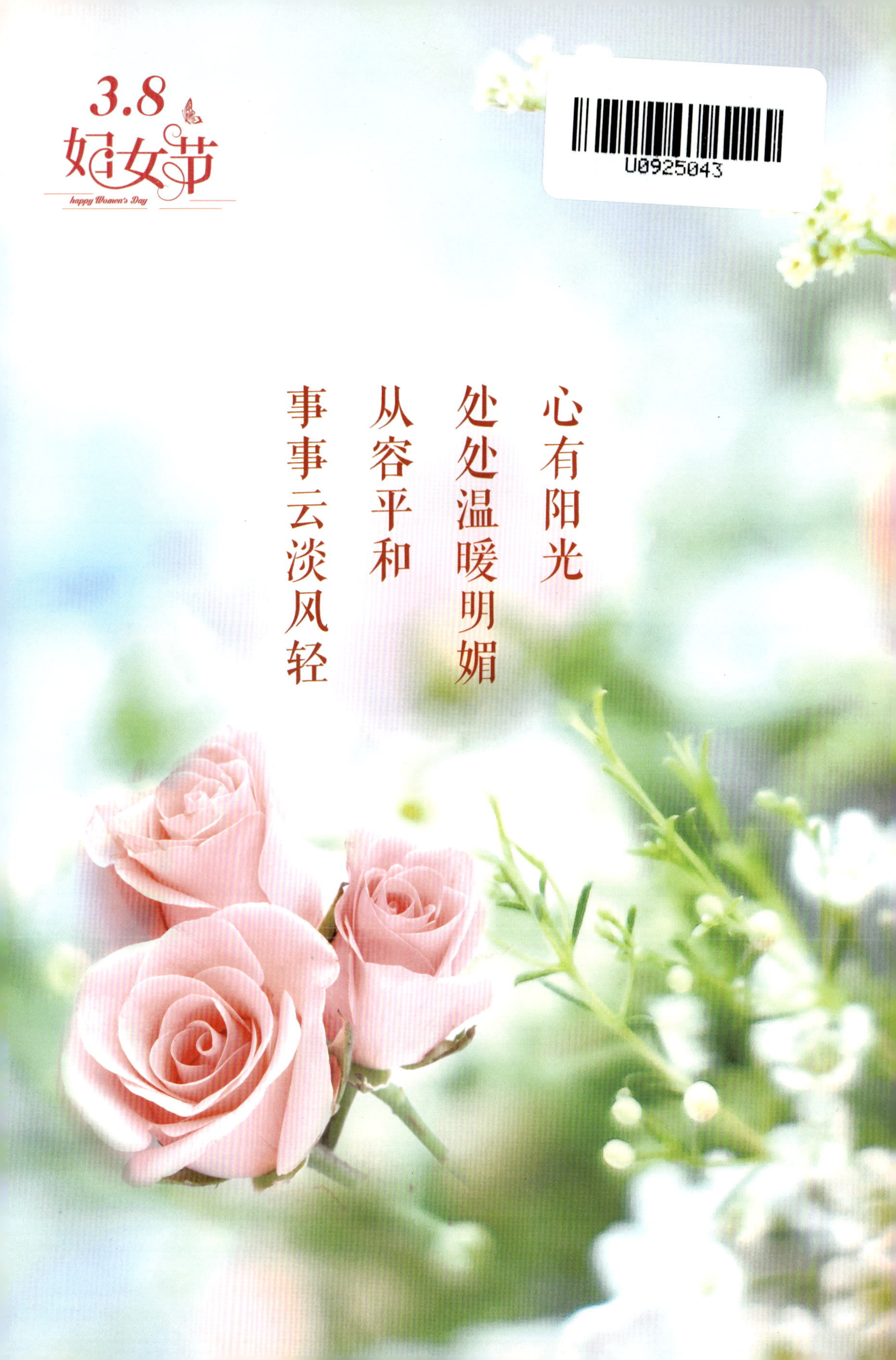

心有阳光
处处温暖明媚
从容平和
事事云淡风轻

心向暖阳 明媚绽放

心有阳光　处处温暖明媚
从容平和　事事云淡风轻
心向暖阳　与幸福牵手　与快乐同行

品墨　编著

新华出版社

图书在版编目（CIP）数据

心向暖阳　明媚绽放: 做一个高情商的女人 / 宋犀堃 编著. --北京 : 新华出版社, 2018.12

ISBN 978-7-5166-4404-1

Ⅰ. ①心… Ⅱ. ①宋… Ⅲ. ①女性－情商－通俗读物Ⅳ. ①B842.6-49

中国版本图书馆CIP数据核字(2018)第293034号

心向暖阳　明媚绽放：做一个高情商的女人

作　　者：宋犀堃

责任编辑：唐波勇　　**图书策划：**李平书
装帧设计：赵志军

出版发行：新华出版社
地　　址：北京石景山区京原路8号　　**邮　　编：**100040
网　　址：http://www.xinhuapub.com
经　　销：新华书店
购书热线：010－63077122　　**中国新闻书店购书热线：**010-63072012

照　　排：新华出版社照排中心
印　　刷：河北鸿祥信彩印刷有限公司

成品尺寸：170mm×240mm
印　　张：14.5　　**字　　数：**198千字
版　　次：2018年12月第一版　　**印　　次：**2018年12月第一次印刷
书　　号：ISBN 978-7-5166-4404-1
定　　价：48.00元

面朝大海，春暖花开 | 代前言 |

◎海子

从明天起，做一个幸福的人
喂马，劈柴，周游世界
从明天起，关心粮食和蔬菜
我有一所房子，面朝大海，春暖花开

从明天起，和每一个亲人通信
告诉他们我的幸福
那幸福的闪电告诉我的
我将告诉每一个人

给每一条河每一座山取一个温暖的名字
陌生人，我也为你祝福
愿你有一个灿烂的前程
愿你有情人终成眷属
愿你在尘世获得幸福
我只愿面朝大海，春暖花开

目录 catalogue

【第一章】

优雅盛开，活出最美好的自己

我们曾如此渴望命运的波澜
到最后才发现
人生最曼妙的风景
竟是内心的淡定与从容
我们曾如此期盼外界的认可
到最后才知道
世界是自己的
与他人毫无关系

找回自我，做真实而珍贵的自己

爱默生在他的短文《自我信赖》中说过：一个人总有一天会明白，嫉妒和模仿是无用的。自助者天助之。只有耕种自己的田地，才能收获自家的果实。只有当你自己努力尝试和运用你的潜能时，才会发现，在这个世界上你是不可替代的。

诗人道格拉斯·马洛奇这样写道：

如果你不能成为山顶上的高松，
那就当棵山谷里的小树吧——
但要当棵溪边最好的小树。
如果你不能成为一棵大树，
那就当丛小灌木；
如果你不能成为一丛小灌木，
那就当一片小草地。
如果你不能是一只麝香鹿，
那就当尾小鲈鱼——
但要当湖里最活泼的小鲈鱼。
我们不能全是船长，必须有人也当水手。
这里有许多事让我们去做，有大事，有小事，
但最重要的是我们身旁的事。
如果你不能成为大道，
那就当一条小路；

如果你不能成为太阳，

那就当一颗星星。

决定成败的不是你尺寸的大小——

而在做一个最好的你！

对！女人最重要的就是要做自己。你若喜欢，就努力追寻；你若开心，就别管他人的目光。始终记得，你是活给自己看的。不必为了生活讨好谁，不必为了羡慕而成为谁，你就是你，独一无二，做最真实而珍贵的自己，就是最美的女人。

相信有很多人都会盲目而不切实际地羡慕电视偶像剧里，那男女主角多彩多姿、丰富多变的生活。其实，每个人都是这个世界上独一无二的个体，谁也无法被他人复制与取代。任何一个人都有一条属于自己的人生轨道，无论你这一路上会遭遇到什么样的喜怒哀乐，都是只适合你自己去体会的戏份儿。

“我们曾如此期盼外界的认可，到最后才知道：世界是自己的，与他人毫无关系。”这是杨绛先生在其百岁寿诞时的人生感言。

“最贤的妻，最才的女”。这是相濡以沫的丈夫钱钟书对杨绛的最高评价。杨绛不仅是一位贤妻，还是一位才女。她通晓英语、法语、西班牙语，由她翻译的《唐·吉诃德》被公认为最优秀的翻译佳作，到 2014 年已累计发行 70 多万册；她早年创作的剧本《称心如意》，被搬上舞台长达 60 多年，2014 年还在公演；杨绛 93 岁出版散文随笔《我们仨》，风靡海内外，再版达 100 多万册……杨绛享年 105 岁，但就在 102 岁时，她还出版了《杨绛文集》8 卷。这位百岁老人的意志和精力，让所有人惊叹!

这其中的秘诀来自内心的安宁与淡泊。杨绛有篇散文名为《隐身衣》，文中直抒她和钱钟书最想要的“仙家法宝”莫过于“隐身衣”，隐于世事喧哗之外，陶陶然专心治学。

从大家闺秀到一代名媛，从小荷尖尖到声名远扬，却没有登泰山而小天下的优越感，而是始终淡定安然，在自己的天地里做自己想做的事，活成自己想要的模样。

杨绛先生面对自己选择的道路，一生从不后悔，只有坚持。她了解自己，懂得自己内心真正想要的一切，因此，她的选择是适合自己的选择。我很喜欢一句话：“你站在桥上看风景，看风景的人在楼上看你……”是的，一路风景，一路过客，不管生活中演绎什么角色，都要做自己心中的主角。

著名作家池莉有一篇文章《一颗自己的心》，描写的就是这种心态：做真实而珍贵的自己!

暖晴的午后，斜阳照进我家廊子里头。我靠着一只旧藤椅，拿一本书，纸片与钢笔散放在木桌上。一杯新湖的绿茶，是淡淡的龙井，有浅浅的碧绿，杯口一柱热气，袅袅腾腾。这是我吗?

……

我的人生，如果不是这样地缺乏自己的心，肯定会是另外的一种。

……

某一天，在只有命运事先知道的某一个时刻，透彻明净的阳光照耀着我家廊子，蔚蓝的天空高远平和，我安坐在我的旧藤椅上，命运之神翩然光顾，让我了解了自己四分五裂的心——这种自我了解如醍醐灌顶，令我欢欣鼓舞。现在我能够肯定，这副模样的我就是现在的我了。到这里，我定睛再看：面前绿茶已凉，院子里银杏黄透，书本闲搁膝头却一字未读，夕阳渐渐归山，晚霞万朵波澜壮阔，各种车辆轧轧作响，狗在雀跃欢叫，远近响起呼儿唤母之声，晚饭香了——天地人间就是这样气象大方百川归海——还需要什么证明呢？

是啊！人生短短几十载，何不做一个自由自在的人，听从自己内心的想法，快乐一生呢？要相信：当你成为大海时，百川自会汇聚；当你成为盛开之花时，蝴蝶自会飞来。

心灵箴言

人生，概括起来很简单，仅仅四个字——做你自己。你与众不同，因为你独特所以自成风景。不需要去仰望别人，你本身就是一道曲径通幽的风景。你别具一格，因为别致所以自塑你的风格。你不需要去模仿别人的生活，你完全可以最真实自在的生活。你不可复制，因为你精深所以自有你的博大。

欣赏自己，你就是最好的风景

读过下面这篇文章，深以为然：

欣赏自己，你就是一道最美的风景。

你虽然是一滴雨珠，却折射出七彩的光芒，让人们看见最美的炫彩。

你虽然是一颗石子，却齐心组成一座座巍峨的山川，让人们仰望那冲入云端的高度。

你虽然是一片湖泊，却照顾了一湖的生灵，让世界更加丰富多彩。

森林与小草同在，灰尘与砖石同存，物质与分子同生。即使你再渺小，落入眼里也是一道风景。

繁华似锦的牡丹是一道富贵风景；洁白无瑕的蒲公英也是一道风景；却显得更加宁静素雅，就像一杯透明的白开水，懂得欣赏才能品尝出其中的甘甜。

如果你是一颗露珠，要记住你从未比任何露珠黯淡浑浊；

如果你是一只孔雀，要明白你从未比任何孔雀失色；

如果你是一颗钻石，要晓得你从未比其他的钻石软弱；

如果你是一只凤凰，要了解你比任何凤凰更加夺目！

“天高任鸟飞，海阔凭鱼跃。”只要你肯相信自己，有志者事竟成，你也可以成功！

相信自己，你就是一道最美的风景！

无论你多么渺小，你也依然是人海中的一员，再小的尘埃落入眼中也会让人流下泪来。我们都是一样平凡的蝼蚁，正因为渺小，才组成了一个大家庭。不要自卑，也不要羞涩，你就是一道风景。

“蒹葭苍苍，白露为霜。”蒹葭有它的风采，白露也有它的风韵。“深林人不知，明月来相照。”深林通人性，明月同样热心。小草吐芽，吐放出生命的精彩；蝴蝶舞过，回荡着波光的重影；樱花烂漫，勾勒着纸飞机的无暇弧度；寒梅傲雪，绽放出天地间最单纯的洁白……

你面似桃花，娇容如雪，我面貌平凡，读书满腹。

你开朗豪放，不虚伪造作，我不骄不躁，温柔小家碧玉……

我们共享一片蓝天，共踏一方土地，优点与缺点是共存的，没有人是完美的，所以我们所拥有的并不比别人少半分，不要害羞，这是我们要去展现的；不要害怕，我们有星光作伴；不要自卑，我们一样可以是天鹅。

罗丹曾说过，生活中并不缺少美，而是缺少美的发现。自卑的女人，并非真的一无是处，只是她们尚未把目光投射在自身的优势与能力上。而那些有所成就、充满魅力的女人，通常都有一点点“自恋”，无论是在人前还是人后，她们都会适度地自我欣赏，自我陶醉。这样的女人是愉悦的，是幸福的。她们充分享受自信带来的阳光，用外在的装扮和内在的丰盈，给自己注入无限的美丽。这种美，经得起时光的雕琢和岁月的打磨，美得让人心悦诚服。

喜欢《公主日记》这部电影，是因为每个女孩子心里大抵都有过一个公主梦，那个公主端庄优雅、甜美可人，深受尊宠。《公主日记》恰恰演绎了真人版的童话，也告诉所有像米娅一样平凡的女孩子，这个世界上不存在天生优雅动人的“公主”，在出生的那个共同起点上时，所有人都是一样的。当你意识到自我的存在，当你内心充满自信，认识到自己的美好，且还可以变得更好时，你也有资本成为一位优雅动人的公主。

作家古龙曾经说过：“自信是女人最好的装饰品，一个没有信心、没有希望的女人，就算她长得不难看，也绝不会有那令人心动的吸引力。”缺乏自信的女人是没有底气的，就算戴上价值连城的首饰，穿着精良的时装，也无法装扮出淡定优雅的气质。内心对自己充满了肯定与欣赏的女人，就算没有倾国倾城的容貌，依然能够凭借那一份外露的神态和言行中的笃定，让人为之赞叹。

有一个女演员，模样很漂亮，演技也很棒，但人们就是觉得她缺少点儿魅力。无奈之下，她向美国第一心灵励志大师皮克·菲尔寻求帮助。在跟女演员进行了一番彻谈后，皮克·菲尔发现了她的症结所在——不够自信，蔑视自己的能力。

女演员经过训练后，认识到自己之所以缺乏魅力，是对自身的演技不够自信，脑海里没有什么具体的状态，思维木讷，不活跃。后来，她开始尝试肯定自己各方面的演技，如“你是一个实力派的演员”“你演得非常好”……渐渐地，她变得光彩夺目、熠熠动人，几乎每个跟她搭档的演员都为她的演技和魅力所折服，越来越多的观众为她的演绎所打动。

如果连你都不相信自己，那你怎么要求别人相信你？如果连你都不喜欢自己，那又如何要求别人喜欢你呢？优雅的女人不总是完美的，但一定是自信的，她们不会排斥自己的不完美，也不会抱怨自己的脸蛋不够漂亮、身材不够好、赚钱不够多、社会地位不够突出。她们能够坦然地接纳自己的一切，并坚信自己有独特的美丽与实力。

自信的女人是最美的，你可以看到她明亮的眼神、自信的妩媚、从容不迫的谈笑、渗透骨子的优雅。一个女人，可以长得不够出众，也可以没有高贵的地位，甚至是生活得不富裕，但她唯独不能失去的就是对自我的肯定与欣赏。

要建立自信，就应当从相信自己、赏识自己做起。试着每天起床时提醒自己“你本来就很美”；临出门前，换上一套得体的衣服，扎上一个适合自己的发型，涂上一点淡淡的眼影和润泽的唇彩，再对着镜子微微一笑……无论你的外貌是否平凡，你都能够呈现出流光溢彩的美丽，这样的你走在路上，就是一道美丽的风景。在路途中，也不要忘记对每一个擦肩而过的人微笑，你发自内心的微笑会为你的美丽加分！

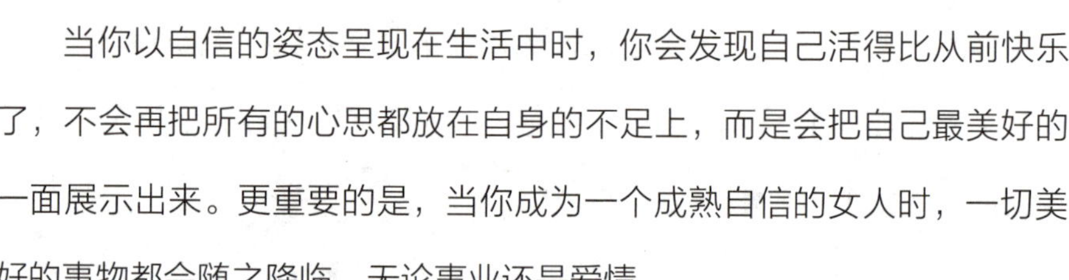

当你以自信的姿态呈现在生活中时，你会发现自己活得比从前快乐了，不会再把所有的心思都放在自身的不足上，而是会把自己最美好的一面展示出来。更重要的是，当你成为一个成熟自信的女人时，一切美好的事物都会随之降临，无论事业还是爱情。

心灵箴言

风景不只是远处的好，美丽也不总是别人的。女人一定要找到自己的闪光点，走出自己的一条美丽之路，领略自己的独特风景，活出轻松和自在，不被外界迷惑，不被自己打败。只有懂得欣赏自我的女人，才能得到上帝的眷顾。

坚持自我，倾听自己内心的声音

善于倾听永远是一种做人的美德。只不过在这个世界上，有人习惯听从来自外界的声音，有人则习惯听从自己内心的声音，而后者似乎更少一些。

伊莎多拉·邓肯的一生跌宕起伏，绚烂多姿，这在她坦率、闻名的《邓肯自传》中有深入人心的讲述。这位诞生在大海边的女孩自幼不相信圣诞老人，而且蔑视一切陈规，讨厌所有的浮华做作，仅仅听从内心的声音。

邓肯还在小姑娘的时候，母亲送她到名师那里去学芭蕾舞。芭蕾舞在当时是西方舞台的主流，高雅、神圣，不可侵犯，人们也以此为荣。但是邓肯只上了三节课就离开了，而且再也没有回到跳芭蕾舞的人群当中。她厌恶芭蕾舞的程式化，厌恶那种约束人的舞鞋和束身衣。从这时起，她就意识到她理想中的舞蹈应该是这样的：一定要表现人类的精神与灵魂，仅仅需要听从内心的声音——那至高无上的指令。

在她的舞蹈学习班上，哪怕面对的是最年幼无知的学员，她也要告诉他们："用你们的心灵去听音乐。现在，你一边听，是不是同时能感觉到有一个自我正在你内心深处觉醒？——正是靠这个自我的力量，你才抬起你的头，举起你的臂，慢慢地走向光明。"

她的观点惊世骇俗，她跳舞的方式更是惊世骇俗。

在排练室中，邓肯常常一动不动地伫立几个小时，双手交叉放在胸前，不停地思索，努力寻找舞蹈动作的最佳喷发点。演出时，她彻底抛弃了传统的舞鞋和舞衣，改穿宽松裙袍或透明纱衣，赤着双足，自由摆动，自由起舞。她相信“最自由的身体蕴藏最高的智慧”。

为给自己的舞蹈争得一席之地，邓肯携带家人流落异国他乡，屡败屡战，百折不挠；拒绝了权贵们用以寻欢作乐的高酬演出邀请，一度身无分文，仅靠一箱番茄和母亲的支撑维持了一个星期的生计。

经历无数的坎坷波折，她依然听从内心的声音，依然“跨大步伐，跳前跳后，跳上跳下，仰高头，挥动臂膀，跳出我们先人的开拓精神，我们英雄的刚毅，我们妇女的公道、仁慈和纯洁，和因此表现出来的母亲般的慈爱和温柔”。

听从内心的声音，这给了她异乎寻常的生存勇气，使她在绝望的谷底得以重生，终于使她的舞蹈大放异彩，轰动世界，也使她最终成为“现代舞之母”，以她振奋人心、难以超越的舞蹈思想和舞蹈动作，影响了世界舞蹈的发展进程。

挪威戏剧家易卜生说：“如果你把整个世界弄到手，却丢了自己，那就等于把王冠扣在笑着的骷髅上。”生命的意义在于创造自我，没有自我、循着别人的想法和评价去生活的女人，永远不会留下属于自己的足迹。

一个喜欢写作的女青年，写了一篇小说，并请一位作家指导。说来也巧，那位作家恰好眼睛不适，只得让女青年把作品读给他听。

读到最后一个字，女青年停了下来。作家问：“结束了吗？”听作家的语气，似乎有些意犹未尽，还应该有后续。女青年心中暗喜，想着大概是作家认为自己的作品还不错，就回答说：“没有，下面还有。”于是，她以自己都难以置信的构思，继续叙述下去。

读了一会儿，作家又问：“结束了吗？”看这形势，作家似乎还是难以割舍，女青年更有兴致了，不可遏止地讲了下去。直到电话铃想起，才打断了她的思绪。作家有急事，需要出门一趟。

“那么，没读完的小说呢？”女青年急切地问。作家说：“其实，你的小说早就该收笔了。在我第一次问你是否结束的时候，就应该结束，看来你还是没有把握情节脉络，缺少应有的决断力。这可是写作者的大忌啊！”

决断是成为作家的根本，拖泥带水，如何带动读者呢？女青年想着作家的话，自认性格容易受外界的左右，不适合走写作这条路，自信心也受了挫，就干脆放弃了，没再动笔。

多年后，女青年遇见了另一位优秀的作家，羞愧地提起了那段往事。没想到，那位作家很震惊，说：“你的思维如此敏锐，编造故事的能力如此出众，这恰恰是成为作家的天赋啊！如果你能正确运用的话，作品肯定很精彩。”

同样的一件事，在不同的人看来，观点和结论都不一样。女青年错就错在，太过迷信于权威的意见，没有把自己的想法放在第一位，生怕自己的决定是错的，被他人的评价牵着走，对自我价值的认识也出现了偏颇。

说到底，她还是缺乏自信和主见。她忘了，在面对双向甚至是多项选择时，决定权永远在自己的手里，也许有时自己做出的选择不是最好的，但正因为有了这样的选择，才让你跟别人不一样。放弃了自己，不但会让你失去成就自己的机会，就连生命也会失去意义。

与此相反，三毛就是一个能够坚持自我、率真坦诚的人。三毛的作品情感真实，没有太多的粉饰，而是展现生活的原貌和生活中的智慧与趣味。三毛在文章中对生命的表达一向豁达和洒脱，她所经历的人生是自由的，随性的，她曾对姐姐陈田心说：“我活一世比你活十世还多。”三毛她常说姐姐不够勇敢，不敢真实地面对自己，活在别人期望的角色里。三毛说：“我要做我自己，不在乎别人怎么看。”

三毛最大的魅力就是她的生活方式，可以说，她的生活方式对上世纪60、70年代的女性影响最大。三毛给予她的爱好者的是精神深处的鼓舞和震撼。三毛令人喜欢的原因在于她是一个行者，身上寄托着很多人浪漫的漂泊的梦想以及身体力行实现梦想的勇气。她成为当时那个时候一种诗意生活方式的代表，她的记录方式成了众多文学青年的向往。

三毛是个率真的人，在她的世界里，不能忍受虚假，就是这点求真的个性，使她踏踏实实的活着。也许她的生活、她的遭遇不够完美，但是我们确知：她没有逃避她的命运，她勇敢的面对人生。

伟大剧作家莎士比亚曾说过：“你是独一无二的，这是最大的赞美。”

索菲娅·罗兰是意大利著名影星，曾获得1961年度奥斯卡最佳女演员奖。她16岁时来到罗马，要圆她的演员梦。但她从一开始就听到了许多不利的意见。用她自己的话说，就是她个子太高，臀部太宽，鼻子太长，嘴太大，下巴太小，根本不像一般的电影演员，更不像一个意大利式的演员。制片商卡洛看中了她，带她去试了许多次镜头，但摄影师们都抱怨无法把她拍得美艳动人，因为她的鼻子太长、臀部太“发达”。卡洛于是对索菲娅说，如果你真想干这一行，就得把鼻子和臀部“动一动”。索菲娅可不是个没主见的人，她断然拒绝了卡洛的要求。她说：“我为什么非要长得和别人一样呢？我只想保持我现在的样子。”她决心不是靠外貌而是靠自己内在的气质和精湛的演技来取胜。她没有因为别人的议论而停下自己奋斗的脚步。

她成功了，她的那些受到过质疑的特征反倒成了美女的标准。在 20 世纪行将结束时，索菲娅被评为这个世纪“最美丽的女性”之一。索菲娅·罗兰在她的自传《爱情与生活》中这样写道：“自我开始从影起，我就出于自然的本能，知道什么样的化妆、发型、衣服和保健最适合我。我谁也不模仿。我从不像奴隶似的跟着时尚走。我只要求看上去就像我自己，非我莫属……”

她的话深刻地触到了做人的一个原则，就是凡事要秉持自己的本色，坚守自己的个性，世界上所有的东西，都是不可仿制的，是绝无仅有的。

心灵箴言

印度哲学家克里希那穆提说过：“你看，一朵百合或是一朵玫瑰，它是从来不假装的，它的美就在于它就是它本来的样子。”只有懂得坚持自我，听从内心的呼唤，才能走出属于自己的路。要知道，你才是自己梦想和幸福的唯一主宰，不经你的允许，没有人可以轻视你。

善待自己，才是最好的成长

要做一个幸福的女人、快乐的女人，就要善待自己，把握好自己，在车水马龙中，留一个角落；在家庭婚姻中，留一份真诚；在事业追求中，留一份执著；在平淡寻常之中，保存一颗宁静的心。

女人花，风情千百种。然而，有多少女人，在时间面前，在繁杂无望的岁月面前，丢失了这种风情，厌弃了嘴角的甜笑？日子总是在平淡与忙碌中循环往复，逐渐地，越来越多女人不再留意四季变换，却在抬眼处，花红柳绿，物是人非；越来越多的女人不再眷恋青春，如今回首时，年已而立，梦留遗憾；蓦然中，人生走远，终于有一刻静下心来重新打量自己过往的生命，结果却发现自己把自己弄丢在了某年某月某个地点。

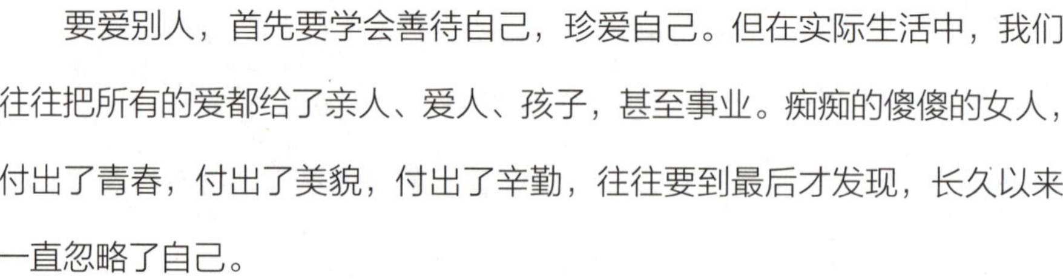

要爱别人，首先要学会善待自己，珍爱自己。但在实际生活中，我们往往把所有的爱都给了亲人、爱人、孩子，甚至事业。痴痴的傻傻的女人，付出了青春，付出了美貌，付出了辛勤，往往要到最后才发现，长久以来一直忽略了自己。

其实，爱人和爱己是没有冲突的。好多女人最后总是半无奈半怨恨地说，没办法，太忙了，事情太多了，哪里还顾得了自己？其实是女人自己把自己忘记了，把原本可以平衡好的事情弄得天平失衡。女人的生命是因为很多东西很多内容才变得精彩，情感、追求、享受、悲伤、疼痛、成功与失败……凡此种种，构成了一个完满的圆圈，构成了我们的一生。给时间列张分配表，给生活排张次序栏，抽出哪怕一点点的时间来善待自己，你的生命也会因此而更加具有归属感。

著名的女主播陈鲁豫在她的书中感叹：做男人真好！男人可以不必为自己的容貌、发型、身材、皮肤而刻意用心，女人却不同，要顾及方方面面。正因如此，作为优秀女人典范的鲁豫非常郑重地告诉所有女同胞："一定一定要善待自己。"这个善待的范围说来广泛，除了平日里备受关注的皮肤和身材外，还包括头发、身体的每个器官、心理情感，甚至牙齿在内的所有地方，都是鲁豫的"重点保护"对象。有记者在北京国贸外看到鲁豫把一个国际名牌大包随手放在地上，站着等的士。鲁豫是典型的很懂善待自己的女人，从内到外，"无微不至"，她对自己的用心，体现到屏幕上，就让我们看到了一个极其精致的女人——陈鲁豫。

而如此爱自己的鲁豫，仍然收获了完美的爱情，相隔 11 年，原本的初恋重新相遇，重新走到了一起。女人善待自己、爱自己，才懂得怎样更理智更合理地爱别人。

女人善待自己，首先要让自己快乐。不作茧自缚，不自寻烦恼，没有人可以代替你的心情，也没有人可以给你快乐，只有自己才是自己快乐的主人。无论是周折磨难，还是旮旯小事，都不应该造成我们整日愁眉紧锁，嘴角下垂，精神不振。女人只有自己快乐了，才能让周围的人也快乐。豁达生活，容纳他人，理解他人，才能成就自己。

有这样一个女人，她非常爱自己的丈夫和孩子，除了忙工作的事情之外，大多数的时间都是在尽心尽力地照顾家庭，日复一日地做饭、洗衣服等。女人用沾满肥皂的手抹抹头上的汗水说，等孩子长大了，我就不用这么忙了；不要紧，等孩子上学就好了，我就可以好好地享受享受生活了。

女人忙得不可开交，忙得昏天黑地，忘了日月星辰……孩子终于开始读书了，女人却陷入了更大的忙碌中，她要把自己的孩子培养成一个优秀的人。她陀螺似地转动在单位、家、学校、自由市场和各种各样的儿童补习班里……不知不觉，皱纹已爬上女人疲倦的脸庞，女人吃力地舒展酸痛的筋骨，问自己："我什么时候才能无牵无挂地享受一下呢？""哦，坚持住，就会好的。等到孩子大了，上了大学，或者有了工作，一切都会好的。到那个时候，我就可以好好地享受一下了。"

孩子大了，有了稳定的工作，还结婚生子了，女人又开始无尽地操劳起了孙子……女人就这样老了，她想有时间好好享受一下生活，可惜她美丽的容颜已经消逝，再如何弥补也无济于事；她的牙齿已经松动，无法嚼碎美食；她的眼睛已经昏花，再也分辨不清美丽的颜色；她的双腿已经老迈，再也登不上高耸的山峰……时间夺走了女人的美貌和力量，她再也不需要任何享受了。

你是否有这样的习惯：好吃的点心留给孩子，自己舍不得吃一点儿；名牌的睡衣送给先生，自己则舍不得穿件好衣服；最好的化妆品送给朋友……总之，唯有对自己格外吝啬，不舍得吃也不舍得穿，更不必说其他的享受。

诚然，你这种"先人后己"是一种爱，但内心有多少委屈只有你自己知道，恐怕你一辈子都活得很不痛快。

事实上，女人只有做到爱自己，和其他人的关系才能真正是一个爱的关系，而不是建立在需要、依靠、恐惧或不安全的感觉上。当我们作为一个完整的人和另一个人建立一种关系，这种关系才能牢靠。

菲琳是一位专职太太，她需要照顾全家人的起居饮食，负责买菜、煮饭、洗衣、打扫房间、带孩子等家常琐事。以前她总是从早到晚忙得腰酸背疼，却总有做不完的事，心情抑郁无比。直到有一天发生的一件事改变了她的生活。

一个星期天，菲琳起床后发现外面正在下雨，她像往常一样准备起来做饭。“亲爱的，请休息一下吧，外面还在下雨，我们不用上班，儿子也不用上学，待会儿再做那些事情不会影响什么的，现在你可以陪我好好躺会儿吗？”丈夫说道。

“天啊，还有那么多活要做呢，我哪有时间陪你？”菲琳无奈地耸耸肩，但看到丈夫乞求的眼光，她还是躺下了。他们放着轻快的音乐，悠闲地聊着天，躺在床上的菲琳感到从没有过的快乐，一天的生活变得愉快起来。

女人爱自己是一种责任，就像爱你的家人和朋友一样。当你用这样的态度爱自己时，就能真正了解爱的意义，而且有能力去爱其他人，别人就容易看到你的魅力，会称赞你，而你也会活得越发光彩。永远保持对生活的热情，保证自己的家庭和事业都朝着良性而又健康的方向发展，这是一个良性循环。

因此，女人在世事的牵累、终日的忙碌中，不妨腾出空闲修饰自己、滋养自己，用一颗热爱生活的心境去愉悦自己，该自我时就自我，好好地照顾自己，悉心经营自己的美丽，懂得呵护自己。相信用不了多久，你会发现自己不仅变得优雅而成熟、活得滋润和潇洒、拥有更有喜悦感的生活和人生，而且所到之处自己身上那种无以比拟的魅力，想不让人喜欢亲近都难，无疑你将获得更多人的欣赏。

女人善待自己，就要充实自己。把握自己的人生方向，提高自己的学识修养，让心情变得灿烂，做自己喜欢做的事情，永远不停止学习与进取，让自己像一本精装书，可以页页逐读，让自己像一壶陈年酒，日久弥香。这样的女人，即便红颜逝去，依旧魅力不减。

女人善待自己，就要充满自信。自信不是自以为是，也不是自作聪明，自信就是相信自己。拥有知识才学，拥有道德修养，自尊自爱、自立自强。充满自信，不能自卑自贱，也不能自傲自大；充满自信，是不怕磨难挫折，不怕艰辛打击。女人善待自己，就要充满自信，相信一切美好的追求和希望都在彼岸等待。

女人善待自己，就必须懂得均衡好各种角色。现代女人在社会和家庭中，往往身兼数种角色。在工作单位，既是上司的下属，又是下属的上司；在家庭里，既是母亲的女儿，又是丈夫的妻子，还是孩子的母亲。有了不同的对象，于是就有了不同人对女性的不同期待和要求，有了不同的应负责任和义务，如何在不同场景下，自如地转换各种角色，是一门学问，更是一门艺术，均衡好各种角色，不仅使对方悦然，同时也会使自己更完善。这样的女人，让人感到亲切、自然、可爱、可信。

女人的一生是一片百看不厌的风景，一个真正追求生活精彩的女人，会不断充实自己外在的、内在的双重世界，积淀沉实的内在美，也展现舒爽的外在美。要做一个幸福的女人、快乐的女人，就要善待自己，把握好自己，在逢场作戏中，留一份清醒；在车水马龙中，留一个角落；在家庭婚姻中，留一份真诚；在事业追求中，留一份执著；在平淡寻常之中，保存一颗宁静的心。善待自己，珍爱自己。幸福女人懂得善待自己，是为他人，也是为自己，善待自己的同时，给了他人空间，也给了自己更多的精彩与希望。

心灵箴言

“爱自己是万爱之源，学会爱自己，因为这是世界上最伟大的爱。”如果你要想成为一个受欢迎的、有魅力的聪明女人，就请从爱自己开始吧，只有真心地爱自己，才能用一颗清澈的心去更好地爱别人，也才能得到更多的爱。

活出精彩，在时光中优雅绽放

优雅是一个女人一生中最宝贵的财富，它倾城倾国，甚至价值无限。一个女人有了优雅的气质，就能尽情地装点自己的人生，就能将人生装点成一首动情的诗，就能将自己的人生描绘成一幅百花争艳、绿树成荫的美丽画卷。

优雅是一个女人最芬芳四溢的魅力。优雅是内在的，也是外在的。内在的优雅通过一言一行体现出来，外在的优雅通过穿着打扮体现出来。当一个女人容颜渐老，能积淀下的是她的阅历与见识，是她不断成熟的心智。

如果说哪一位美女是近现代中国第一优雅美女，那就非林徽因莫属了。女人的美来自先天的赋予与后天的修饰。幸运的林徽因天生一副姣好的容貌，身材高挑，外在的条件是绝佳的，再加上她懂得如何优雅地打扮自己，所以，她成为很多男子眼中的靓丽女神。

林徽因在国外留学时，常与梁思成约会。每次约会时，梁思成会去女生宿舍楼下等林徽因。楼下的梁思成等得心急如焚，可很在意装扮自己的林徽因呢，则在楼上一点点地精心装扮自己，从面容、发型、服装，她一丝不苟，力求尽善尽美，清新优雅。

而等她打扮好，往往是梁思成早已苦等了半个小时左右了。

爱美是女人的天性。林徽因从小就爱打扮自己，也知道如何将自己打扮得漂亮一些。与林徽因一起长大的堂姐堂妹，基本都能详细地描绘出她当年的衣着打扮。她的衣着打扮，甚至是举止言谈都令她们羡慕不已。长大后，不管是在日常生活中，还是出去工作，林徽因都很注意自己的着装打扮。有一段时间，她最喜欢骑马装，一身骑马装让她英姿飒爽，

别具风情。

林徽因的爱打扮非寻常女人能比，即使夫妻单独相处，林徽因也会刻意地打扮自己。有一个时期，林徽因常常在晚上点上一炷清香，摆一瓶插花，穿一袭白色的绸睡袍，面对庭中一池荷叶，在清风中吟诗写诗。

对于自己如此的装扮，林徽因自然是很满意的，她曾对自己的夫君梁思成说，“我要是个男的，看一眼就会晕倒”，虽然此话有些自恋，但却体现了林徽因擅长装扮的一面。

云南大学中文系全振寰教授，曾于1935年在国立北平大学女子文理学院就读，当时，她曾选修过林徽因的课，回忆林徽因的装扮时，她如此说：“林徽因每周来校上课两次。她身着西服，脚穿咖啡色高跟鞋，摩登、漂亮而又朴素、优雅，每次她一到学校，学校立即轰动起来。”

摩登、漂亮而又朴素、优雅，这是民国才女林徽因给当年的学生留下的深刻印象。林徽因的打扮是漂亮的，又是优雅的。

优雅是什么？优雅是一种由表及里的积淀，是一种修养、知识、经历的外在体现。林徽因的这种优雅气质，既是与生俱来的，更是后天打造的。

受父亲与国外游学经历的影响，林徽因喜欢读书，非常有才华与艺术气质，随着时光的流逝，这种才华与艺术气质不断在她身体里沉淀，变为一种优雅、秀美、灵动，变为一种清丽脱俗的气质。

曾经有人问林洙：“林徽因的魅力何在？”

林洙只说了两个字：“优雅。”

林徽因的气质就是优雅。她生病时，从不会整天痛苦地哼哼唧唧，紧锁眉头。她向他人展示的永远是快乐而优雅的一面，任何美的东西都能使她兴奋和愉快，能让她忘记自己的病痛。

可以说，林徽因不仅仅是以美貌可圈可点，更重要的是东方式贤淑典雅的气质和西方思想的涵养结合在一起后，所散发出的那种举世无双的知性魅力。

你是人间四月天

我说你是人间的四月天

笑响点亮了四面风

轻灵在春的光艳中交舞着变

你是四月早天里的云烟

黄昏吹着风的软

星子在无意中闪

细雨点洒在花前

那轻，那娉婷，你是

鲜妍百花的冠冕

你是天真，庄严

你是夜夜的月圆

雪化后那片鹅黄，你像

新鲜初放芽的绿，你是

柔嫩喜悦

水光浮动着你梦中期待的白莲

你是一树一树的花开

是燕在梁间呢喃

你是爱，是暖，是希望

你是人间的四月天

林徽因一如她笔下的诗歌一样灵秀雅致，一言一行之间所流露出的芳华，如人间四月的阳光一样，让人赏心悦目，让人为之怦然心动。

或许，你的父母没有给你绝世的容貌，只给了你一张平凡的脸蛋，你为此总是抱怨不停。现在，你要停止抱怨，开始一个蜕变的过程。要知道，外在的美丽，永远替代不了内在的优雅气质。

林洙曾经说，林徽因的美丽在于她的神韵。不论哪一个女人，要想有林徽因一样优雅的气质，就必须内外兼修。这里的外，就是指外在的打扮，要力求大方优雅、不俗气、不落伍；内，就是培养自己的内在气质，通过不断积累学识与修养，把睿智与才华变成灵魂里最闪亮的东西，从而让优雅成为自己的神韵与内涵。

一个女人如何在外在方面来修炼自己呢？如果你正为自己平凡的脸蛋，为自己臃肿的体形而自卑，那么就先调整心态，将自己的心态放平。心态平和的女人，从不轻易生气，在生活中，无论遇到什么事都能泰然处之。这样的女人，性情随和，面部光润，如涂了一层淡而无痕的化妆品。

有臃肿的体形不可怕，可怕的是不懂得去修饰，而最好的修饰方法则是运动。运动不仅有利于身体健康，更能延缓女人的衰老进程。要注意的是，不是所有的运动，都适于优雅的修炼，一个女人要想有良好的身材，要想变得优雅，就要多做一些有利于肢体柔韧的有氧运动，比如，坚持每天跳一个小时左右的舞，或去练习一些瑜伽。

优雅不是时尚，而是着装大方得体。做一个优雅的女人，要掌握一些服饰搭配的基本常识，每天出门前，要舍得花大把的时间打扮自己，同时，一定要注重穿衣打扮的一些相关细节，力求将自己打扮得雅致、自然，落落大方，而不是为追赶潮流，失去与自己身材或肤色最相宜的装扮风格。

优雅的女人会给人高贵、知性、内敛的感觉。优雅是高贵的气质，这种气质不是一天两天能形成的。如果你想做一个优雅的女人，不仅要掌握穿衣打扮的知识，更要提升自己的修养，有时间的时候多听一些艺术含金量高的音乐，多读一些与艺术有关的书籍，从而不断提升自己的艺术气质。

随着时光的不断飞逝，你会积累广博的阅历和成熟的心智，拥有了浪漫的艺术气质。当你变得风姿绰约，高贵典雅时，就能用优雅的魅力赢得他人的青睐与赞美。

心灵箴言

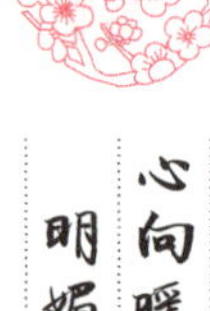

一个容貌美丽的女人未必优雅，而优雅的女人一定“美丽”，因为她的知识和智慧让人信任，她的细腻与关爱让人依赖。而这种智慧、细腻、关爱，会从她充满迷人女人韵味的举手投足、一颦一笑间自然流露出来。

心向暖阳，温润生命的时光

一位女性朋友换了新的微信签名，说得非常好。

从现在起，做一个心向暖阳的快乐女子。

不纠结，不焦虑，不生气，

只愿无忧处事，岁月静好。

是啊，心向暖阳，无忧处事。谁会不欣赏这样的快乐女人呢?

有位记者问一位成功男士："你最欣赏哪种女人？"记者心里想好万千种答案，然而令她出乎意料的是，男士冷静而果断地回答："我最欣赏快乐的女人，这样的女人最具生命的活力。"

快乐的女人，以阳光般的心态炽热而深情，以大树般的姿态挺拔而巍然，以小草般的精神顽强而春风吹又生，以清泉般的心灵澄澈而洁净无争。左手美好，右手快乐。生命走过千山万水，与时光间静好，心，永远微笑向暖。于红尘中，就记住了一句话：让世界灿烂的不是阳光，而是你的微笑。心向阳光，柔韧绽放。

快乐的女人，也许她不是最出色的，但却是懂得生活真义的人。也许她不是漂亮的女人，但却是健康可爱的，更是幸福的。假如一个漂亮出色的女人不快乐，那么她的漂亮与才干又有什么意义呢？

快乐女人有着一颗平和的心。她们从不对生活不满，更不会在追求一些东西的过程之中而抛弃了快乐。

快乐女人的脸部呈现出来的表情是放松愉快的，她们的生活很有情趣，尽管平凡但却充满了甜蜜的味道。

快乐女人有着一颗爱人的心。与她接触的人不会感觉到沉重，相反，犹如春风拂面，给人带去一份轻松与惬意。

快乐女人，有着一种无形的力量，吸引着你走近她。她们热爱生活，知道如何能让生命更有意义地度过。

快乐女人有自己的理想。她们既不依靠别人，也不自怨自艾。她们会按照自己的既定目标一如既往地前行。

快乐女人很容易满足。她们心怀感激，为自己已拥有的一切感谢上苍。她们不盲目攀比，更不让自己变得愚蠢。她们也会与别人比较，但内容却是如何更快乐更充实。

快乐女人活在今天。她们只为今天做一些行之有效的事情，她们参加运动，爱惜自己的身体。她们要求上进，加强自身的修养，不断学习。她们珍惜时间，不把时间浪费在异想天开上。

快乐女人懂得自如切换自己的角色。即使自己在外面是个强硬的人，到家后她依然是那个小鸟依人、楚楚动人的小女人。

快乐女人能够放得下，十分大气。痛苦过后只是一笑置之，争吵过后能主动与对方握手言和，妒忌过后会虚心向别人学习。

快乐女人身上有着坚强与责任。她们有自己的人生信条，不会随波逐流，更不易被各种诱惑所吸引，遇到困难她们迎难而上，直至到达胜利的彼岸。

那么，怎样才能成为一个快乐的女人呢？

首先，你必须拥有快乐的思想。

一个拥有快乐思想的女人，才是一个懂得生活的女人，才是一个高情商的女人。若女人终日想着那些不快乐的事，就只能沉湎在悲伤中痛苦不堪；若女人总是想着那些自己害怕的事情，内心就会充满惊惧；若女人总是担心自己会失败，其结果往往就是失败：若女人常常自艾自怜，最后很有可能就会真的变成“可怜人”……相反，如果女人所思所想都是快乐的事，女人们往往就真的能够快乐幸福。

有人认为，人在不如意的时候，抱怨、担忧、恐惧、失望等这些负面情绪会将心占得满满的，又怎么会有工夫去想快乐的事呢？而且，面对有的困难，如果只想着快乐的事，很容易因为过度乐观而让事态变得更糟。

其实，我们这里所说的女人要有快乐的思想指的是，女人对待生活中的种种问题要用正面的、积极的态度，拥有好的心境才能拥有好的人生。幸福是一种心理体验，女人幸福与否关键在于拥有怎样的心境，而外在条件并不能起决定性的作用。

一位对生活极度厌倦的绝望少女，感觉到自己生活的环境糟透了：到处是垃圾和没有多少人烟的荒凉，唯一的建筑工人也都没多少文化，晚上回来乱哄哄的。她每天的心情都很郁闷。她的邻居是个画家，每天去湖边作画。

一天，她在湖边遇到了这位正在写生的画家，便在闲聊中说起了她的烦闷。

画家似乎注意到了少女的存在和情绪，他依然专心致志地作着画。一会儿他说：“姑娘，来看看画吧。”少女心想：住在那样糟糕的环境里，还有心情画出美丽的画？她走过去，满不在乎地看了一眼画家和画家手里的画。

少女被吸引了。她真没发现世界上还有这么美丽的画面——他将垃圾场画成了美丽的公园，将荒凉的秃山画成了依山而建的别墅。最妙的是，建筑工们一手拿6个馒头，蹲在墙角，憨厚地笑着；湖边还有个雕塑，是那个建筑工人的孩子在妈妈的怀里微笑。良久，画家突然挥笔在这幅美丽的画上点了一些黑点，少女惊喜地说："啊，这是星辰和花瓣！"

画家最后将这幅画命名为《生活》。少女感到心里像放下一块大石头一样轻松，心灵也随那袅袅婀娜的云升上天空……她问画家："你是怎么画出来的？"

画家笑着说："我每天只记住生活中美好的。你难道没发现身边的美丽？这里是即将建成的大型生态园。身边的建筑工人们今天填土，明天绿化，不就是美好生活的建设者吗？用心只记这些美好的，生活不就是充满希望和快乐了吗？"

生活中的忧愁和快乐在于自己的选择，只在心里记住生活中美好的部分，日子就是温暖和快乐的，自己就会永远生活在春天里。即使有一万条苦闷的理由，也要有一颗快乐的心，接受事实、享受事实，同时善待自己、善待别人。

心灵箴言

心向暖阳，丰盈自己的生命，沉淀一份欢喜。无论是凄美零落的秋天，还是寒凉的冬季，都依偎在一片暖阳中，把细碎的时光，慢慢的编织成唯美的文字，安暖温润匆匆的悲喜。

【第二章】

心向美好，愿你与世界温暖相拥

无论这个世界对你怎样
都请你一如既往的
努力、勇敢、充满希望
只要心是晴朗的
人生就没有雨天
有一颗大心
才盛得下喜怒
输得出力量
一个人将全部身心安置在最好状态
才能变成一缕柔软的棉纱
与百转千回的世界温暖相拥
织就精彩绚烂的人生

放开心胸，得到的是整个世界

伟大的作家马克·吐温先生曾经说过：“紫罗兰把香气留在了踩扁它的脚踝上，这就是宽恕。”学会宽恕别人，就是善待自己。当女人能够放开心胸，将宽恕修炼成一种本能时，她的心便能幻化成一朵美丽的烟云，拨开万里晴空，得到的，将是整个世界。

有一首诗这样描述宽容：

宽容是一种境界，宽容是一种洒脱，宽容是一种胸怀，宽容是一种美德，宽以待人是一种宽容，海纳百川是一种宽容，壁立千仞是一种宽容，以德报怨是一种宽容，宽容是克服困难的润滑剂，宽容是获得成功的铺路石，宽容是拥有幸福的通行证，宽容是走向未来的金招牌。土地宽容了种子拥有了收获，大海宽容了江河拥有了浩瀚，天空宽容了云霞拥有了神采，人生宽容了遗憾拥有了辉煌。宽容能松弛别人，宽容能抚慰自己，宽容能让你随和，宽容能让你豁达，宽容会让你博爱，宽容会让你忘记嫉妒，宽容会让你放弃仇恨，宽容会让你丢掉猜疑。有了宽容，再大的不快，都不会在记忆之港停泊；有了宽容，再激烈的冲突，都不会在心灵之夜驻足。于是，每个清晨你都会在希望中醒来，一旦学会宽容，将终生收获笑容！

是啊，宽容能带给我们无尽的力量和收获。德谟克里特曾经说过这样一句话：“和自己的心进行斗争是很难堪的，但这种胜利则标志着这是深思熟虑的人。”我们应该学会宽恕别人，宽恕别人的同时也是在宽恕你自己；

学会善待别人，善待别人的同时也是在善待你自己。

福克斯说得好:“只要你有足够的爱心，保持尊重和宽容的心态，你就可以成为全世界最有影响力的人。”是的，没有人会拒绝一个宽容的女人，也没有人不愿与宽容的女人做朋友。因为但凡有宽容胸襟的女人，其心中必然是温暖和风，清风明月，全无半点瑕疵、晦暗的东西。

倘若一个女人今天记恨这个，明天记恨那个，那么她的朋友会越来越少，对立面越来越多，这会严重影响女人的人际关系和社会交往，使自己成为“孤家寡人”。

是的，我们必须承认要做到宽容很难，因为活在这个世界上，不管我们愿意与否，都会经历这样那样的不如意。亲友感情不睦，邻居相处不和谐，同事之间不团结，朋友之间的误会，都有可能使女人陷入悲伤、痛苦的感情沼泽，气愤、怨憎的情绪也会随之滋生。女人在憎恨别人的同时，也在自己的心灵深处种下了一粒苦果，不断地伤害着自己的身心健康，而且面对大小琐事，倘一一计较，便会心累至极。不分昼夜地为他人而生气，待心情回转过来，再去作一番分析，便会发现原属不值，亦不必。因此，女人应以宽容的态度谅解别人的过错，消除彼此之间的误会，化解矛盾，从而使自己始终保持舒畅的心情生活与工作。这样，宽容的是别人，受益的却是自己。

宽容别人，从根本意义上是为了自己，当一个女人懂得了宽容的意义时，必定会获得一份从容和超然，为自己的命运打开崭新的局面。

夏蒂妮已经 76 岁了，她做梦也没有想到，在她孤零零地度过了 40 年时光后的今天，还能如此幸福地享受到人世间最为美好的天伦之乐。

夏蒂妮曾经有一个儿子小约翰，可是在他 17 岁那年，由于一次意外，被一群游荡社会的坏孩子乱刀砍死了。那段时间，她很悲伤，心中也充满了仇恨，每一次看到那些衣着不整、叼着烟卷、穿街走巷、狂歌猛喊，甚至脏话连篇的坏孩子，她都有冲过去撕烂他们的冲动，这样让她陷入了更深的痛苦漩涡中。

后来，在一次“拯救灵魂”的公益活动中，她碰到了保罗，那时他已是一个老得几乎走不动的老牧师了。保罗看到眼含忧郁的夏蒂妮后，便颤颤巍巍地向她走了过来，并对她说：“你的事情我都听说了，平时怨恨是解决不了问题的，而且你知道吗，这些孩子也非常可怜，因为父母过早地抛弃了他们，社会也用有色眼镜看待他们，他们多数人自从出生的那天起便没有再尝到过什么是温情，更不知道什么是爱！”

夏蒂妮愤愤地说：“可是，他们夺走了我的约翰！”

“那也许是个意外，放下这些怨恨吧，如果你愿意，也许他们都会成为您的小约翰的！”

夏蒂妮听从保罗的建议，参加了“拯救灵魂”的团体。她每个月都要抽出两天时间去附近的一家少年犯罪中心，试着接近这些曾经让她深恶痛绝的孩子。开始时固然有些不自在，可通过一段时间的交流后，她发现，这些孩子确实不像他们所表现的那样坏。他们渴望爱，渴望温情，有的甚至渴望叫谁一声“妈妈”。

于是夏蒂妮像这个组织的其他成员一样，认了其中的两个黑人孩子作为自己的孩子。每个月她都要带上自己做得最拿手的食物去看他们两次。就这样，两年过去了，当她的这两个孩子离开之后，她又认领下两个……

直到现在，她已经认下了20多个孩子。他们每个人都从她那里得到了一种不是母爱却胜似母爱的情感，而她也从他们的身上找到了小约翰的影子。他们即使重新回到社会，也从没有间断过与夏蒂妮的联系，他们会定期地到家里来看望她，帮她做家务，然后与她一起共进午餐，看电视……

夏蒂妮说："我从没有像现在这样幸福过。"她不但用她的爱心从更深的地方挽救了这些孩子，更找到了她应得的天伦之乐。

宽容是一个女人成熟的标志。生活在社会里，生活在人群中，总难免有一些摩擦。想不通的事情，换个位置站在对方的角度上去思考、去评判，兴许就能找到宽容的理由。比如在大街上发生诸如自行车碰撞，或你的脚踩了他的鞋之类的琐事，彼此相互点点头，算是表示歉意，随后，各奔东西。工作中有些误会，也应该抱着宽容的态度去体谅别人，理解别人。如果你能以一种宽容的眼光去看待世界，你会觉得绿水青山、碧云蓝天无一不是令人赏心悦目的景色。

宽容，表明你有大海般的胸怀，蓝天般的度量。懂得宽容的女人，是仁慈的，智慧的。她总能使一些猜忌和误会消失于无形，由此避免无谓的冲突和由此带来的不良后果。

宽容的女人好比夏日的阳光，可以融化别人心里的冰雪。她不会因为愤怒而伤害到自己，也不会因为生气来惩罚自己。

宽容的女人是智者。遇事便大喊大叫，只会令人生厌。宽容是信心。动辄发火、与人争吵不休的女人，其实是没多少底气的表现。一个心胸狭小，对周围的人戒备森严、处处提防、不能宽大为怀的女人，必然会因孤独而陷于痛苦之中。而宽宏大量、与人为善、宽容待人、能主动为他人着想、肯关心和帮助别人的人，则讨人喜欢，被人接纳，受人尊重，充满魅力。

在人生的道路上，我们不妨学着豁达一点，宽容一些，女性朋友们可以试着从以下方面入手。

1. 学着理解别人

当发生什么意外的事情时，不妨设身处地地站在别人的角度来思考一下，这样你或许会发现自己也应该承担一半的责任。学着理解别人，体会他们的苦衷，你的抱怨和烦恼就会少很多。

2. 保持乐观

一个悲观的人总是很容易想到事情不好的一面，而且心情比较压抑和郁闷，所以总会对别人不满或者生气。虽然有的人平时很好，可是一旦遇到什么事情就悲观起来，这也不算真正的乐观。真正的乐观是不论在什么时候都可以给自己鼓励和希望，并且相信自己。

3. 不要斤斤计较

斤斤计较，只会让别人觉得你是个小肚鸡肠的人，只会让你一时觉得占了便宜或者没有吃亏，但是心里也很难受。如果你是一个宽容的人，就不会在乎朋友的失约等小事，烦恼也就少很多。

4. 放开眼光

不要老是把眼光放在自己的小圈子里，鼠目寸光的人永远只能看到眼前的一点利益，所以要学着把眼光放长远一点。一个人要想真正实现自己的价值，仅仅局限在自己的小圈子里是不行的，必须发掘自己的潜能，为他人、为社会做出一点贡献。一个有全局意识和集体意识的人才会真正得到大家的认可和尊重。

心灵箴言

心向暖阳，丰盈自己的生命，沉淀一份欢喜。无论是凄美零落的秋天，还是寒凉的冬季，都依偎在一片暖阳中，把细碎的时光，慢慢的编织成唯美的文字，安暖温润匆匆的悲喜。

多点包容，用欣赏的眼光看待每个人

37 岁了，她还未出阁。这些年来，周围的亲戚朋友给她介绍的对象不知有多少，可那些人最后一个接着一个从她的生命中消失了，唯独剩下她自己，独守寂寞。和她相亲的那些男士中，很多人条件都不错，但她每跟对方接触一两次，便以对方的某些问题而拒绝再见。

几年前，她遇到了一个外形、性格、职业都比较符合心意的男士。第一次见面后，对方发短信给她，不知道是情急还是疏忽，对方的短信里有几个错字。看到那几个错字，她心里很不舒服，总觉得对方在生活里肯定是个“马大哈”，而且连字都拼错的人，肯定也没什么文化内涵。就这样，她拒绝了那位男士，一段本来有可能发展的恋情就此终结。

见她如此“挑剔”，便很少再有人给她介绍对象了。其实，在旁观者看来，她挑剔的那些问题，根本就算不上问题，比如“约会时对方的头发有点凌乱”“吃饭时他竟然都没有让让我”“临走时没有把我送到车站，就只是说话道别”……用她母亲的话说：“谁还没有个疏忽大意的时候？你如此不容人，即便将来生活在一起了，谁又受得了你的个性呢？”

的确，她的苛刻不只是对伴侣的吹毛求疵，她是挑剔一切的专家。

每天早起，她都要换一身干净整洁的衣服，对颜色和配饰的搭配都很认真，然后再花费一个多小时来化妆，即便周末也不例外。她不允许自己素面朝天地出现在任何人面前，因为她要保持一个完美的自我形象。如果有一天不凑巧，她的粉底没有了，她会觉得一整天都不舒服，别人多看她一眼，她便认定对方是在看她脸上没有遮盖住的几块小雀斑，烦躁不已。

走进她的办公室，你会发现所有的摆放都很有规则，只要别人动了她的东西，她就会不乐意，因为她不想别人破坏她的这种规则。若是她自己安排好的事，突然被人打断了，她会非常不适应，甚至很生气。可在这个发展迅速的商业化社会，谁不知道要调整自己来适应环境，可这件事放在她身上，难如登天。

不得不说，这种对细枝末节无比在意的完美主义情结，让她过得很小心、很谨慎，也很不开心。周围的人，对她也是敬而远之，因为没有人知道什么时候做的什么事就触犯了她的“规则”，让她像火山喷发一样大发雷霆，那种尴尬的局面，简直让人想找个地缝钻进去。

那些细小到完全可以忽略的缺憾，遮蔽了她审美的眼睛，让目光停留在不完美上，忽略了周围其他美好之处，终日沉浸在挑剔和纠结中。或许，她已经习惯了这样的生活方式，虽然知道自己过得很疲惫，却察觉不出问题出在哪儿。但置身事外的我们，是否该从中得到点启示呢？

背负着如此沉重的精神包袱，抱着一种不正确和不合逻辑的态度对待生活和工作，苛刻地对待自己与他人，每天在焦灼不安中度日，何苦呢？细想起来，有多少问题是实在难以容忍的？有多少挑剔又是有真凭实据的？花费那么多心血、耗费那么多能量在一些无关紧要的细节上，不是作茧自缚吗？

诚然，严谨、认真、踏实，这些品质值得我们拥有和保留，但千万别把完美主义和它们等同起来。我们都不是圣人，无法保证事事都能考虑周全，也不能保证任何时候、任何地点都不出一点纰漏，古人早就说过“智者千虑必有一失”，更何况我们这些芸芸众生中的普通女子呢？

同样，我们也不能要求他人时刻都展现出自己完美的一面，把所有的缺陷遮掩得天衣无缝，如果真有人能够做到，那恐怕也不能称之为“完美”，而是应该称之为“虚伪”。不完美是生活的常态，有缺点和不足也是人之常情，何必要对这些原本就存在的事实遮遮掩掩，烦恼不已呢？

记得《飘》中有这样一句话：“假如你用挑剔的眼光看待这个世界，那么，你眼中将遍地荆棘。”大千世界本就形形色色，人与人之间总会有这样或那样的不同，即便是对同一件事物的理解也是参差有别，思想不同，处事风格也不一样，若是因此就以有色眼镜看人，未免有点太过狭隘了。真正有修养的女人，不会随随便便地看某一个人不顺眼，而是会尽量用欣赏的眼光去发现每一个人身上的优点。

凌鑫是一家公司的市场部主管，已任职 5 年，对这份工作她一直兢兢业业，且跟周围人相处得也很融洽。直到半年前，公司策划部新来了一位同事卢诗诗，此女子名牌大学毕业，手拿双学位，一进公司就成了响当当的人物。也许是出于嫉妒，也许是卢诗诗的个性太强，很多同事都看不惯她的作风，包括凌鑫。然而，老板却很重视卢诗诗，没过多久就把她提升到了客户部主管。从职位上来说，她跟凌鑫是平起平坐的，由于业务关系，两人还要经常合作，这让凌鑫心里很不舒服。

在共事的过程中，不知是故意还是怎的，卢诗诗总会给凌鑫的工作挑刺儿、找毛病，只要有一点儿小错误，她都要跟凌鑫说上好几遍。每次凌鑫漂亮地促成一笔订单时，卢诗诗却只会轻描淡写地说一句“辛苦了”，没有任何嘉奖之言。

凌鑫按捺不住性子，跑到老板那里投诉，说卢诗诗为人太苛刻，很难相处。老板并没有把这番话当回事，反倒劝凌鑫放下成见跟对方建立友谊，还说人品和工作是两码事，卢诗诗的工作能力很不错，有值得学习的地方。

得到这样的答复，凌鑫起初是不满意的，但她也清楚，自己还要继续在公司任职，就必须跟卢诗诗相处，总是这样的状态肯定不行。无论喜不喜欢，为了工作她都得摒弃偏见，跟对方携手共事。随后，她连续几次主动邀请卢诗诗一起吃午餐，这种友善政策貌似也起了作用。自从有了共进午餐的基础，卢诗诗给她挑刺儿的次数越来越少，还经常提醒她要注意的各种事项，遇到难推进的项目，两人能够心平气和地坐下来商量。

尽管这种关系和朋友并不一样，但凌鑫明白，至少两人不会再产生什么摩擦了，置身于办公室中，这样的距离不远不近刚刚好。渐渐地，凌鑫还发现，卢诗诗虽然有点傲气，在为人处世上偶尔会不知深浅，但她对工作的那份认真、专注，的确令人敬佩。

欣赏是一种美德，欣赏自己不喜欢的人是一种能力，也是一种智慧，更是一种处世之道。只有心胸豁达的女人，才能够理解和包容与自己对立的人，忘却彼此之间的摩擦与隔阂，并极力发现对方的美好之处。这样的思维方式和处事作风，一来可以缓和僵硬的人际关系，二来也能让自己的心情变得平静，不必终日将精力用在挑剔和埋怨上。某些时候，这份宽容和豁达，还可以感染他人的灵魂，成为美谈。

当年，作家林清玄还是一家报社记者的时候，曾报道过一则有关小偷的新闻。新闻中说，这个小偷作案手法细腻，虽犯案上千起，却从未被抓到过。林清玄在报道的最后，情不自禁地流露出了对那名小偷的欣赏：“那个小偷拥有如此细密的心思，拥有那么灵巧的手段，又那么斯文有气质，如果不去做小偷，从事任何一项职业想必都会大有成就。”

谁也没有想到，林清玄在20多年前无心写下的这些赞美之词，竟然影响了一个青年的一生：当年那位惯偷，如今已是台湾地区几家羊肉连锁店的老板了。这位误入迷途的青年瞬间醒悟，恰恰是从看到报道的那一刻起，立志脱胎换骨，重新做人。在一次邂逅中，这位老板诚挚地邀请林清玄，他诚恳地说道：“老师，您当年写的那篇报道，打破了我生活的盲点，让我重新认识了自己。”

欣赏不只是表面上的简单赞美，更是一种能折射出一个人美好心灵的思维方式。正如培根所说：“欣赏者心中有朝霞、露珠和常年盛开的花朵，漠视者冰结心城、四海枯竭、丛山荒芜。”只有拥有春天般美丽心灵的人，才能够领悟到春天的美丽，纯洁的思想能让微小的行动变得高贵。

心灵箴言

对喜欢的、不喜欢的人，都用欣赏的眼光去看待吧！通过对别人的宽容豁达，陶冶自己的情操，提升自己的修养。在审视他人的美好之时，让自己的心灵不断得到净化与调适。人生只有用欣赏的态度去品味，才能尝出应有的乐趣。

学会遗忘，让过去的一切都随风

一位风烛残年的老人，在她的日记簿上写下了一段生命的感悟——

如果生命可以重来，我不会再频频回顾，而忘了看未来的路。我情愿随遇而安，过得糊涂一点，不再为已经发生的事情而悲伤难过。人生是那么的短暂，实在不值得把时间浪费在缅怀过去上。因为，过去的永远都过去了。

如果生命可以重来，我会朝着未来的路前行，去自己未曾到过的地方，跋山涉水，远走他乡。曾经，我总在为已经发生的些许小事而苦恼，责备自己粗心大意丢了某件东西，一次又一次地假设：要是把东西交给××保管，也许会不一样。我会生自己的气，心疼丢失的东西。可现在，我后悔了。人就这么一辈子，何须活得那样小心翼翼，每分每秒都不容有失？

如果生命可以重来，我不会再那么看重荣辱得失，也不会花很多时间和精力去诅咒那些伤害过我的人。愤怒和悲伤没有改变事实，只是消磨了生命中本就不多的时间。那些时间，我该用来好好享受，去感受所有美好的事物，去游乐园玩几圈木马，去海边看几次日出，去公园陪孩子玩耍。

如果生命可以重来……可我知道，这是不可能的了。

张小娴说过：“万物有时，离别有时，相爱有时。花开花落，有自己的时钟，鸟兽虫鱼，也有感应时间的功能。怀抱有时，惜别有时，如果永远不肯忘记过去，如果一直恋恋不舍，那就永远看不见晴空。”

念念不忘曾经的痛苦与恩怨，只会被它腐蚀，变得更加憎恨与怨怼。唯有忘怀，才能真正放下心里的烦恼和不平衡的情绪，才能在失意之余找寻重新站起的勇气。遗忘是心灵的净化，是一种解脱，更是愈合伤口的良药。

生活有时是无奈的，没有假设，不能改变；可心境是当下的，能够把握，可以超脱。

过去的事情早已过去，苦苦抓住不放就好像紧紧抓住悬崖上的一根树枝，会很累，很难过。将那些已经过去却给你带来伤害的事情归于尘土，这样生命里会多出一些阅历，而不是更深的苦痛。清除掉它们，身体里的垃圾就会减少，负重就会减少，人也会越来越轻松，行走在人生的道路上也会越来越愉快。

仓央嘉措写过这样一段诗：“一个人需要隐藏多少的心事，才能巧妙地度过一生，在这佛光闪闪的高原，三两步便是天堂，却又有那么多人，因心事过重，而走不动。”

有些事情，忘记比怀念更加适合，因为那些事情本来就不再属于现在。与其耿耿于怀那些不美好的过往带给我们的伤害，倒不如让过往的阴霾跟随历史的长风渐渐消散。放眼环望皆是前方，迈步四走皆是前行，又何必让心中的过往拖累了脚步呢？

时间不等人，活在当下即是生命的行程，活在此刻便是人生的轨迹。用豁达的心态面对人生，放下曾经沉重的包袱，轻装上阵，精力充沛地面对现在，信心百倍地迎接明天，人生就会幻化成一道绚丽的彩虹，美丽耀眼。

婉云就是这样的女人，对于人生，她看得很开。她总说：“女人这辈子不容易，享受生活的时间原本就不多，该遗忘的就遗忘，该原谅的就原谅，别跟自己过不去。”

或许，是经历得多了，伤过痛过，醒悟了。婉云离过婚。别人都说，她命苦，母亲也这么说。跟着丈夫辛苦奋斗，最后却替别人做了嫁衣。现在的她，是个单亲妈妈，虽有父母的帮衬，可看着她每天忙碌的身影，还是令人觉得心酸。

不过，婉云对自己的遭遇，从未抱怨过什么，甚至根本就没有想，为什么这样的事会落到自己头上。她说：“既然已经这样了，想那些有什么用？能够一起生活几年，也算是缘分，现在缘分尽了，就让他走吧。清清静静的生活，好过吵吵闹闹。”

人在低谷时，雪中送炭者不多，落井下石的事却从不少见。有人说，婉云的婚姻走到这一步，是她自找的。她早就朝秦暮楚，跟了别人。这件事传得风风雨雨，对一个刚刚离婚的女人而言，是一个不小的打击。

得知此事，挚友去看望婉云。吃饭时，朋友试图告诉婉云，是谁在背后诬陷她。谁知，她却笑着说：“别告诉我，我不想知道。”朋友很吃惊，问道：“你难道不想知道谁在背后乱嚼舌头，找她问问清楚，让她闭嘴吗？”婉云说：“知道了又如何？有些事不用知道，忘了最好。”

说完，婉云继续跟朋友开怀畅谈自己筹划的欧洲游，完全把那些乱七八糟的事抛在脑后。她说：“这些年，想去欧洲的计划一拖再拖，现在我不想再等了。女人太喜欢把所有的精力都交给家庭了，难免委屈自己。现在想想，人生几十年，也不是婚姻幸福才是幸福，幸福包含的东西有很多。”

如此的豁达大度，令好友不禁对婉云多了一份敬意。她撇了撇嘴说：“你这女人啊，很不一样。看你活得这么敞亮，我之前的担心是多余了。”

婉云又给朋友倒上一点红酒，说：“我知道你关心我。不过我觉得，你们想得太多了。其实，事情该是什么样就是什么样，解释不解释都一样，更何况你不把它装心里，不把它当回事，它就会不攻自破，就不会影响你的生活，影响你的心情。记得别人的好，忘了对别人的怨，这样活着不好吗？”

可能你会说，忘记很难。确实，将一件困扰心灵已久的事，从心里突然间地抹去，是有点不太容易，但如果不尝试，就永远不可能从里面抽身而出。经常对心里储存的东西进行清理，把该保留的留下来，把不该保留的抛弃。那些给你带来不愉快感受的事情，真的没必要过了若干年还去回味。筛掉不美好的东西，人会过得更快乐、更洒脱。

一则关于走钢丝的故事里讲道：新人走钢丝总是没走几步就掉下来，反复练习还是如此。游刃有余的走钢丝大师告诉他：“走，不停地走，直到你忘记了那条钢丝的存在。如果你忘了这件事，你就算真正学会，就可以正式登台演出了。”

其实，生活就跟走钢丝一样。有意识地不让自己去想那些糟糕的事，忘记它的存在，告诉自己“一直想没有任何益处”，依靠着理智和毅力，克制自己的行为。慢慢地，你就不会再特别关注这件事了，你就会忘记它的存在。

学会遗忘，是一件了不起的事，它需要女人有一颗强大的内心，需要女人有一份豁达的情怀。其实，仔细想想，不遗忘又如何？不过是自己在给自己的心灵上枷锁，不过是在用别人的错误惩罚自己，不过是在让今天重复着昨天的伤痛。韶华易逝，女人能有多少年轻如花的岁月？为了一时间的失意而狠狠地透支青春，透支美好，值得吗？

无论曾经有过怎样的惊天动地，亦无论体验过怎样的悲苦辛酸，在岁月的流逝中，这些最终都将成为往事，化为平淡。别在过去的甘苦中沉溺，不要再一次次地晾晒那永远也晒不干的往事，把那些该遗忘的是是非非、恩恩怨怨，从残碎的记忆里抽出来，让它随风飘散。

宋朝无门慧开禅师说：“春有百花秋有月，夏有凉风冬有雪。若无闲事挂心头，便是人间好时节。”抛弃过去的羁绊吧！别让自己在过去里沉沦了，昨天是回不去的曾经，但我们还拥有现在和未来。过去的那些往事，就让它成为永久的回忆。你可以在某个清晨或黄昏，从记忆深处翻开看看，但看过之后要重新整理好自己的行囊，继续人生的旅程。唯有挣脱无谓的痛苦和执着，女人才能享受到真正的云淡风轻。

心灵箴言

幸福来自于内心的安静和沉淀。想要获得幸福，女人就不能迷失在过去，更不能执着在自己的情绪里。作茧自缚永远是自己最大的敌人，无论是什么原因，无论是何种境况，想要活得坦然和精彩，就要让自己勇敢踏过荒野，甩掉满脚的泥泞。

懂得放下，心灵才会自由自在

有一位婆罗门，两手拿了两个花瓶，来到佛祖的面前，想把这两个花瓶献给佛祖。

佛祖对婆罗门说：“放下！”

婆罗门把他左手拿的那个花瓶放下。

佛祖又说：“放下！”

婆罗门又把他右手拿的那个花瓶放下。

然而，佛祖还是对他说：“放下！”

这时婆罗门说：“我已经两手空空，没有什么可以再放下了，请问现在你要我放下什么？”

佛祖说：“我并没有叫你放下你的花瓶，我要你放下的是你的六根、六尘和六识。当你把这些统统放下，就什么牵挂也没有了，你将从生死的桎梏中解脱出来。”

婆罗门抓了抓自己的脑袋，心想：我真愚昧啊！我到这里来的目的正是为了这个“放下”，为了精神的解脱。

他终于悟到了“放下”的真义——“放下”心中的一切贪欲、愤恨和妄想，放下一切才能真正地快乐自在。

有这么一句话：“一个人的快乐，并不是他所拥有的多，而是他计较得少。多是负担，是另一种失去。少非不足，是另一种有余。舍弃也不一定是失，而是另一种更宽阔的拥有。”可见，掌握舍得的内涵，敢于放下，也是一种智慧。

人生中很多事情的失误甚至是失败，不是在于你在该追求的时候没有去追求，而往往是在于你在该放手的时候没有放手。该追求的时候，意味着要抓住时机去得到什么，在这样的情况下，人往往会及时与果断，但是在该放手的时候，往往是意味着你拥有的一些东西将不得不失去，意味着在一定程度上的放弃，所以这样的时候，人往往就容易瞻前顾后，容易反复思量，最终可能在思想的斗争中失去了关键的时机，也就使你一心想把握住的东西随之失去。

这是一个早上，妈妈正在厨房清洗早餐的碗碟。她有一个四岁的孩子，自得其乐地在沙发上玩耍。不久之后，妈妈听到孩子的哭啼声。究竟发生什么事呢？妈妈没来得及将手擦干，就冲到客厅看看孩子去了哪里。

原来，孩子仍坐在沙发上，但是，他的手却插进了放在茶几上的花瓶里。花瓶是上窄下宽的一款，所以，他的手伸了进去，却抽不出来。母亲用了不同的办法，想把卡着了的手拿出来，但都不得要领。

妈妈开始焦急，她稍为用力一点，小孩子就痛得叫苦连天。在无计可施的情况下，妈妈想了一个下策，就是把花瓶打碎。可是她稍有犹豫，因为这个花瓶不是普通的花瓶，而是一件价值连城的古董。不过，为了儿子的手能够拔出，这是唯一的办法。结果，她忍痛将花瓶打破了。

虽然损失不菲，但儿子平平安安，妈妈也就不太计较了。她叫儿子将手伸给她看看有没有损伤。虽然孩子没有任何的皮外伤，但他的拳头仍是紧握住似的无法张开。是不是抽筋呢？妈妈再次惊惶失措。

原来，小孩子的手不是抽筋。他的拳头张不开，是因为他紧握着一个硬币。他是为了拾这个硬币，所以手才卡在花瓶的口内。小孩子的手抽不出来，其实，不是因为花瓶口太窄，而是因为他不肯放手。

对女人来说，感情的事，也是如此。

你曾为他做的事，当日，你觉得是多么的天经地义；今天，你却感到荒谬之极。盲目是幸福的，只要盲目能维持一生一世。问题是，有一天，你和他都会像小孩子一样，发现自己被感情问题卡住了，动弹不得。

问题出现了，你烦得天都要塌下来。你希望寻求方法解脱，但全都徒劳。别人说："问题不是你所想的复杂，只要你肯放手就解决了。"你却偏偏不肯放手。

这时，你不会想："这样值不值？"你只会自问："我还爱不爱？"只要是爱，你觉得再没有什么要犹豫的。你会很努力解决彼此之间的问题。你一直守下去，你不会放手。

其实，放手就立刻解决问题，只是大家都逃避这个事实。你宁愿受着牢笼，都不愿解脱。"这段感情值得这样磨下去吗？"你的朋友会劝你放弃。

你不相信，这份爱，只是一枚硬币。你忍痛执著这份感情，不惜代价，消耗了许多眼泪，虚度了不少的岁月，粉碎了很多机会。

放手，带来更大的释放。为了区区一枚硬币，打碎了一个古董花瓶，小孩子当时不会理解，也不会后悔。他不了解他执著那个硬币的机会成本是那么大。他长大了之后，才会了解花瓶的价值，才会明白自己昔日的愚昧。

《卧虎藏龙》里有这样一句话：当你紧握双手，里面什么也没有，当你打开双手，世界都在你手中。很多时候我们都应该懂得舍弃，生活中鱼和熊掌兼得毕竟是少数，每一次的放弃是为了下一次得到更好的回报。紧握双手，肯定是什么也没有，打开双手，至少还有希望。

所以，当面临选择时，我们必须学会放弃。放弃，并不意味着失败。

人们常说一个人要拿得起，放得下，而在付诸行动时，拿得起容易，放得下难，所谓放得下，是指心理状态，也就是我们常说的要敢于放弃，就是遇到千斤重担压心头，也能把心理上的重压卸掉，使之轻松自如。

放弃不是颓废，不是厌世，而是一门学问。人生在世，忙忙碌碌，疲于奔波，我们常常被强烈的愿望所驱赶，不敢停步，不敢懈怠，也不敢轻言放弃。背上包裹越来越多，越来越沉，而我们什么都不愿放弃，因而，当收获越来越多的时候，身心也越来越累。

在现实生活中，放不下的事情实在太多了。比如做了错事，说了错话，受到上级和同事指责，以及好心被误解受到委屈，于是心里总有个结解不开，放不下等等。总之，有些人就是这也放不下，那也放不下，想这想那，愁这愁那，心事不断，愁肠百结。这些心理负担有损于健康和寿命。有的人之所以感觉活得很累，无精打采，未老先衰，这就因为习惯于将一些事情吊在心里放不下来，结果把自己折腾得疲劳而又苍老。

追求美好的生活是人们共同的心愿，因此，所有人都希望得到越多越好，却不懂没有失去就不会拥有，没有拥有就不会失去。得中有失，失中有得，大千世界，得与失是形影相随的。生命在一点一滴凝聚的同时，也在一分一秒地逝去。当我们拥有青春时，却失去了无忧无虑的童年；当我们融入社会，学会了左右逢源，却失去了原有的纯真和坦荡。盼望日出之美，却失去了宝贵的晨光；享受大都市的高品位生活，却失去了田园生活的悠闲；贪图财、色、官，却失去了做人的正气、道德和平常心。如果把人一生的得失全部收集，得为正数，失为负数，那么相加以后所得结果应该为零，这正可体现得失博弈中世间万物均平衡的道理。

心灵箴言

人们常说，风雨过后，面前会是鸥翔鱼游的天水一色，荆棘过后，面前会是铺满鲜花的康庄大道。既然如此，我们还有什么理由“放大人生的痛苦”。只有学会放弃，才会有所收获。当一切尘埃落定，当一切归于平静，我们才会真正懂得放弃其实也是另一种美丽的收获。

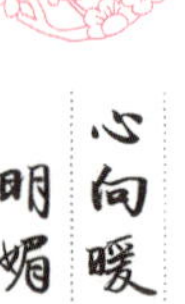

慢慢欣赏，从从容容过一生

在当今社会中，女人和男人拥有同样的社会地位，同时也拥有着同样的社会压力，尤其是对于大城市的女人而言，每天马不停蹄地奔波在这个城市中，是最常见的生活状态。热播剧《蜗居》中海萍的一段话，真真实实地体现了快节奏下的忙碌生活：

“别人的生活我不知道，而我呢，每天一睁开眼，就有一串数字蹦出脑海。房贷6000，吃穿用度2500，冉冉上幼儿园1500，人情往来600，交通费580，物业管理费340，手机电话费250，还有煤气水电费200。也就是说，从我苏醒的第一个呼吸起，我每天至少要进账400。这就是我活在这个城市的成本。这些数字逼得我一天都不敢懈怠，根本来不及细想未来十年，我哪里有什么未来，我的未来就在当下，在眼前。那天，陪妈妈去逛街，其实我们都不用走，那个人流就推着我们向前走，我想不走都不行，想停下都不行。”

我们都曾有过年少时的梦，又有几个人真正实现了呢？也许有人会认为自己已经奔三了，不是刚出校门的小姑娘，没有青春时光去追逐梦想。还有人认为梦想一直在心中，但是身处这个社会当中，自己没有追求梦想的资本，就像海萍说的那样，“我不想走，但是人潮在走，我不得已跟着向前走”。

于娇目前正处在这种状态中，毕业后她义无反顾地选择了留在上海这座大都市。从公司的小职员，到现在的市场部总监，她的脚步就没有停下过，她怕稍微停下了，就会被其他人赶超。

每天早晨六点，于娇被闹钟唤醒，第一件事情就是从衣柜的上百件衣服中挑选衣服，一边选一边想今天有什么会议，要见什么客户，穿哪件更加合适。接着就是洗澡，洗完澡后给自己画一个精致的妆。一切准备妥当后，差不多快八点的时候出门。

上班的路每天都会堵车，于娇从居住地到公司，40分钟的车程往往要用一个半小时。趁着堵车的时间，于娇一边吃早点，一边看财经新闻，留意市场走向与变化。十点之前到达公司，一天的忙碌工作就开始了。

通常，于娇都会加班到很晚，因为她是单身，没有男友可以约会，也没有父母住在身边，加班反而会让她排解寂寞。夜幕降临时，于娇的脖子都已经僵硬了，她才关掉电脑回家。通常到家时已经将近十点，她简单吃完晚饭，看些书给自己充充电，十二点前入睡。第二天，又是重复前一天的一切。

周末是于娇维系关系网的时间，一点也不比上班轻松。一大早便起床，装扮好自己就出门，与三五好友逛街喝茶聊天，看似闲散，实际上每个人都较着劲儿，生怕自己成为这一堆老姑娘中被垫底的那一个。晚上回到家中，于娇感觉自己的脸都要笑僵了。木然地打开电视机，机械地换着频道，心里还惦记着明天的工作怎么进行。

有时候，即便是工作不忙，于娇也没有轻松下来的感觉，甚至有时候睡梦中都会梦见一长串的数据，或是一份份合同。

焦虑，似乎已经成为了城市中大部分人的通病，担心自己不进则退，担心丈夫被小三抢走，担心孩子输在起跑线上，总之，是各种担心各种忧愁。

不管是哪一种焦虑，都会对身心造成伤害。爱自己，就不该让自己深受“匆忙”的荼毒，让自己的身体、心灵都付出极大的代价。

素颜美女江一燕说：“即使工作再忙碌，我内心也会保持一个很慢的节奏，给自己适当的时间去冥想。”一旦我们意识到自己需要“更慢地生活”，我们就会发现，其实时间走得不那么快，对城市里匆忙的脚步也会有另一种不同的看法。

同样作为白领丽人的陈蕊，在公司里是名副其实的一把手，她的能力就连男人都要敬畏三分。30岁的陈蕊有车有房有爱人，却没有孩子，用她的话说：“太忙了，忙得连生孩子的时间都没有。”有时候，她也会羡慕那些已经成为妈妈的女人们，如果自己不在这个位置上，是不是也能拥有普通女人的幸福呢？

这天，陈蕊像往常一样，开着车行驶在路上，堵车天天有，这天特严重，陈蕊估计着可能是前方出了重大交通事故，车子一时半会儿无法前行。此时，陈蕊的车正好在外滩边上，透过车窗，她看到江面上映出五光十色的灯影，偶尔几个人影如剪影般匆匆走过。陈蕊想到自己刚到这个城市时，住在租来的房子中，每天在地铁和公交上挤来挤去，每当路过外滩时，心里都会想：这座城市中，什么时候能够有一盏属于自己的灯光呢？现在终于有了一盏属于自己的灯光，却怎么也体会不到本该有的那种知足感和幸福感，它们丢到哪里了呢？

陈蕊下意识地走下车，来到江边，风中弥漫着江水的味道，江边的排椅上三三两两的情侣相拥而坐。陈蕊想到自己来这里这么多年，每天都要从外滩边上来来回回，却从未有一天安静地坐在这里感受一下安逸，她的恋爱似乎也像是在拼效率，在匆匆忙忙中就完成了终身大事。现在想来，这真是一种遗憾，此刻的陈蕊无比怀念起小时候和哥哥坐在自家的谷堆上面看星星的情景，那时的天空干净得那样透彻，心情也如天空一般。

现在的天空中还有星星吗？陈蕊似乎很久都没有抬头看过了，她没想到今天居然看到满天的繁星，一颗颗在天空中向她眨着眼睛。这一刻，陈蕊忽然感受到原来生活可以这样美好，白天在公司忙得焦头烂额的感觉，仿佛在这一刻全部释放了。

从这以后，陈蕊每天下班后，都会专门将车停到一边，然后坐在江边，从感受他人悠闲的生活中体会自己生活中少有的悠闲，有时候是五分钟，有时候竟能坐一个小时。渐渐地，陈蕊的生活发生了改变，她不再满脑子工作、房贷、生孩子；遇到下属犯了错误，她不会再将文件狠狠地摔在对方桌子上；也不会再为客户一个吹毛求疵的小要求，连夜更改方案，搞得自己焦头烂额；甚至和丈夫吵架的次数也少了。她开始更关注心理的需要，于是她报了古筝班，把每个周末用来加班的时间，用在了琴室中完成自己幼年的梦想；有时候在网上看到驴友组织的户外活动，她会积极报名参加。

唯一没有变的是她依旧在工作日里，匆匆忙忙地赶到公司，依旧会为了一个难以搞定的方案眉头紧锁，只是这些再也不会像以前一样影响她的生活了。陈蕊骤然发现，她一直希望的美好生活，原来不在远方，只要自己放慢内心的节奏，美好的生活其实就在眼前。

生活在城市中，看着他人脚步匆匆，自己也不自觉脚步凌乱起来。时间长了便成了习惯，忽略了紧张的内心需要慢下来去享受一下生活。脚步快节奏我们才不会被社会淘汰，但是内心需要慢节奏，这样我们才不会忽略生活中的美好，才能从从容容过一生。

心灵箴言

人们在生活中面对苦难要学会不慌不忙，让自己找到平衡，张弛有度、劳逸结合、积极奋斗才能提高生活质量，把生活当成旅行，幸福感如鱼得水。不要一味追求高速，让心态慢下来，静静去感受生活，享受生活带来的所有感觉。

等待美好，人生需要耐心体味

生命的意义是什么？

恋旧的女人，认为生命的意义就是对青春岁月的怀想；喜新的女人，认为生命的意义就是拼一个美好的未来；真正懂得生活的女人，知道生命的意义就是活好现在，品味当下的幸福。

有一位笃信佛教的信徒问禅师："生命的意义是什么？"

禅师答："生命的意义是享受每一个当下。"

见这位信徒面带困惑，禅师就给他讲了一个故事：

从前，有一个人正在山坡上徒步行走，只听见树林深处一声长啸，忽然蹿出一只吊睛猛虎，这只猛虎显然已经饿极了，见到有人路过于此，便想饱餐一顿。这个人被老虎的突然出现吓得魂不附体，撒腿就跑。跑了没多远，猛虎眼看就要追上他时，慌不择路的他突然看到前面有一个断崖，心想横竖是死了，跳下崖去说不定还能活，于是就纵身一跳，坠下悬崖。

断崖壁上恰恰长着一棵松树，这个人落在树上便紧紧地抱着树不敢放手，在树上缓了缓神，他看到这棵树已经很接近山崖底端了，不看不要紧，一看可又惊出了一身冷汗。原来那崖底盘踞着数不胜数的毒蛇，个个昂首吐信，热切期待着他这个从天上掉下来的馅饼。正在惊魂未定时，更糟糕的情况出现了，他发现两只一黑一白的硕大山鼠正以尖利的牙齿噬咬着树干的根部。

"我命休矣！"无奈的他，抬头望着天空，突然发现树冠上有好多松子。“反正是一死，倒不如品一品这些味道绝美的松子。”他心想。

讲完故事后，禅师微笑着向那位信徒解释道：“那头吊睛猛虎就是我们生活中面临的各种艰难困苦，我们为了逃避他们而卖命地向前奔跑，崖底的那些毒蛇就是我们必将面临的死亡，那一白一黑两只山鼠就是白天和黑夜的交替，我们的生活就是在树上的时光，与其悲伤苦恼接下来怎么办，倒不如尝尝松子的味道。这就是‘享受每一个当下’的含义啊！”禅师微笑着说。

生活中，我们难免会遇到很多困难，有些属于过去，有些还未到来，与其为那些困难愁苦终日，倒不如充分地享受当下的生活。昨天已经过去，而历史又不能假设，纠结或贪恋过去的事情是一种虚妄；明天尚未到来，而未来又无法臆测，空想明日之功也是一种虚妄；只有今天是实实在在把握在我们手中的时光，过好眼下的生活最现实。

有一个年轻的女孩，心存梦想，睿智勇敢，唯一不足的是，她的性子太急躁了，缺少耐心，不能够从容等待破茧成蝶的漫长过程。

一天，她来到佛寺内，对着佛祖叹息道：“佛祖啊，请您告诉我究竟还要等多久我才能梦想成真呢？为什么所有的事情都必须经过漫长的等待才能有结果呢？我希望能够拥有一个可以加快时间前进的法宝，好让我尽快度过那些艰苦等待的过程。”

佛祖听到她说的话便现了身，给了她一个具有法力的钟表，对她说：“你祈求我给你一件法宝，我看你诚恳，决定把这个小钟表赐予你，有了这个钟表，你就可以如自己所愿了。但是，我需要警告你的是，这个有法力的钟表只能够帮助你快速地向前走，不能帮你后退。”

女孩兴奋极了，忙说：“明白明白！”见她已领会，佛祖重又归于无形。

女孩拿着钟表，左看看右瞧瞧，心想：“我好想快点成熟起来。”她把钟表向前旋转了几圈，瞬间她便长大了许多，从镜子里她看到了自己30岁的模样，温婉大方，很有气质。她真是乐坏了，觉得这简直就是“踏破铁鞋无觅处，得来全不费工夫”。

几天之后，她突然想到了自己的婚姻：我的另一半是什么样呢？于是，她又转动了钟表的指针。瞬间，她便置身于自己的婚礼中了，她的身旁站着含情脉脉看着自己的帅气新郎，虽然她从未见过他，可那种感觉还是很美妙，她陶醉在婚礼现场悠扬的音乐中。

又过了几天，日子过得趋于平淡了。她想：“不如转动一下钟表，看看我什么时候能够能拥有自己的事业吧！”她再次拨动了钟表。这一回，她变身成了干练的职场达人，置身于一间特别的办公室，周围有一些穿着内衣的模特海报。噢，她恍然大悟，自己已经成了一名优秀的内衣设计师，并有了自己的工作室。

她的欲望层出不穷，又不想耗时等待，总是不停地转动钟表，每次转动钟表，她都会得到一些自己期望中的东西，可谓名利双收，但是她也已经触摸到了人生理想的巅峰。就在她觉得稍微满足了一些，想要慢慢过日子的时候，最后的警钟敲响了，她的生命已经走到了尽头。

在弥留之际，她开始回顾自己的一生。然而，她猝然地发现，自己的人生是如此的苍白，以至于自己想不起来任何值得留恋的时光。她捶胸顿足，悔恨自己不该让自己的人生在加速前进中奔向了生命的终点，她想“如果生命可以重来，她一定要慢一点，再慢一点，慢慢品味生活中每一个时刻的美好”。

人生不能假设，并且佛祖也曾有言在先，那个钟表只能向前不能后退。

她在深深的懊悔中，等待死亡的降临。突然，她啜泣着从梦中醒来，发现自己仍然是一个年轻的女孩，仍然充满了梦想，生命也还有好几十年。

她定了定伤心到极点的情绪，原来那只是一个梦。她心中充满了感激：“谢谢佛祖教诲，原来等待是一种经历，慢慢体味人生的每一刻才是幸福的活法啊！”

人生其实只是一种经历，所有的感官体验都必须附着在人生的时间轴上，才能产生实际意义。切不可只顾一味追求人生巅峰的快感，在旅途中走得太过急躁，忽略过程的美好，到头来才如梦方醒，悔之晚矣！

心灵箴言

认真地体会每一段心路历程，是女人成长的轨迹，也是丰富生命最好的途径，无论酸甜苦辣咸，人生的滋味都得仔细品味才好。

【第三章】

静心前行，用理智控制情绪

静静的，学会了一颗心去聆听，去欣赏
就如同那一湖秋水，淡淡的几许波纹
却能承载千年的日月，揽尽万里的浮云
静心如水，犹如纹丝不动的潭水一样
静谧安详却泛起涟漪
静心如水的人往往是静水深流的
表现出一种博大精深的最高境界
静心是一种美，是一种幸福
也是一种纯净和清明

心平静了，岁月就安稳了

琴瑟相伴，岁月静好，世间不知有多少女子都在憧憬着这样的画面。只可惜，生活犹如一条河流，时而平静，时而奔涌，波澜不惊的日子总是会被突如其来的意外打破，大到事业、工作、婚恋，小到为人处世、日常起居，当女人被这些烦心事包裹起来的时候，就会不由自主地躁动起来，觉得全世界都在跟自己作对，看什么都充满了厌烦。

夏梦心烦意乱地翻阅着桌子上的一大堆文件，电话那端又传来老板索命般的声音，追问着项目的进展情况。连日来的闷热天气，让夏梦头痛欲裂，情绪极度紧张，皮肤也因精神压力过大泛起一片片红疙瘩。眼前的工作如同一团乱麻，惹得夏梦只想发飙。下属们看见她，都像是受了惊吓的小鹿，不敢大声说话，生怕不小心惹怒了她，给自己带来麻烦。

中午休息时，夏梦在洗手间意外听到下属们在偷偷议论她。

“哎，你有没有发现，夏梦最近有点不正常呀？整天吊着一张脸，动不动就发火，不会是婚姻出问题了吧？遇见这么一个神经兮兮的主儿，弄得我们也特累。”

“是呀，整天提心吊胆的。可能是老板催得紧吧，她压力也很大。话说回来，谁的压力不大呢？总得想办法自己调节吧，总拿身边的人撒气就有点儿说不过去了！”

一语惊醒梦中人。夏梦知道自己最近情绪不好，主要就是项目上没什么进展，有些原本答应合作的客户，不知何故非要取消合约。这次的推广方案是自己策划并实施的，如果推广成功的话，她很有希望晋升为分公司的经理。她太在意这次升职机会，也很在意老板对自己的看法，心里也就不免焦躁了，失去了往日的镇定与从容。这种急迫感让她经常烦躁不安，大发脾气，先生也说她最近说话都带着“火药味”。

带着沉重的心情回到办公室，夏梦决定甩掉这种令人生厌的精神状态。她把办公桌彻底整理了一番，心绪顿时觉得没那么杂乱了；她又打理了一下那盆多日没有浇过水的绿萝，而后拿出久违的印花小瓷杯，给自己泡了一杯沁人的绿茶。在茶香中，她开始反思自己最近的状态：“何必这么为难自己、为难别人呢？能升职固然是好事，不升职又何妨呢？”

静心细想，她顿时觉得心里轻松了不少。她试着放下那些沉重的枷锁，放松情绪，品尝着那杯上好的绿茶，让自己沉浸在置身事外的宁静中。待思绪平稳后，她像往常一样写下手头要做的工作，标出轻重缓急，开始有条不紊地着手进行。

其实，夏梦那天的工作任务繁重，但没想到在临近下班时竟轻松完成了，难得不需要加班。到了下班时间，她收拾好东西走出办公室，心里涌出了昔日那种小有成就的喜悦感，脸上也泛起了笑容。她笑着跟同事打招呼告别，大家都觉得很奇怪，有的人还悄悄议论，以为夏梦遇到了什么喜事。

接下来的那段时间，夏梦一直不断地提醒自己，要保持一颗宁静的心，不能被升职的念头束缚。有意思的是，当她不那么在意这件事的时候，一切居然开始朝着好的方面发展。下属的执行效率高了，项目有了明显的进展，老板对她也更加重视了。

从这件事里，夏梦也悟出了一个道理：岁月静好不是一种生活状态，而是一种心境。不慌不躁，心想事成并不是太难的事，只要你熬得起、忍得住，一步一个脚印地走，抵达终点是迟早的事。可是，一旦心浮躁了，难以控制情绪的时候，原本美好的事情，也会朝着糟糕的方向发展。

有句话说得好:“心静，万物莫不自得。”每天抽出一点时间来思考自己的心情变化，把它记在日志本上，时间长了，你会发现自己每天的情绪起伏，强化保持心情平静的动力。

在一间大屋子里，坐着不少被生活、工作所困扰的女性，她们在接受专业的心理辅导。第一堂课上，专家让她们安静地坐十分钟，感受心理的变化，美丽就是其中之一。

一次失败的恋爱，把美丽变成了工作狂和派对狂。白天，她把所有的重心放在工作中；夜晚，她总是找朋友、同事聚会或者去酒吧消遣时光。周围的同事都已经习惯了她“多姿多彩”的生活，可没有人知道，热闹过后，她的落寞感和空虚感更加强烈。她害怕独处，独自在家的时候，她总会将电视机的声音开到最大。她害怕寂寞，才让自己总是置身于人多热闹的场合。

此刻，要做这样的测试，对美丽来说，无疑是一件难事。

一向做事风风火火的美丽，才坐了一分钟，就开始东张西望，瞻前顾后。她想知道别人在做什么。两分钟过后，她变得躁动不安，往常这个时候，她不是在办公室里开着紧张的会议，就是在跟下属讨论方案，此时轻松的环境让她觉得很不适应。五分钟后，她忽然想起自己还有好几个客户没有联系……八分钟的时候，她开始受不了这种心灵上的煎熬，希望测试早点结束。

时间一分一秒地过去了，美丽觉得自己度日如年，从来没有这么煎熬过。时间一到，她的嘴巴闲不住了，像机关枪一样，连发了几颗“炮弹”。培训班响起一阵热烈的交谈，那些白领们仿佛十分钟没有呼吸一样，一定要立刻将十分钟的宁静补回来。

这时，专家开始讲话：“计算一下，刚才你们有多长时间在与自己独处？”美丽的答案是零。她这才发现，原来自己一直活在热闹而纷乱的环境中，从来都不曾与自己独处过。

其实看看周围，如美丽一般的女人大有人在。在车水马龙的北京，在灯红酒绿的上海，在繁华落寞的广州，这样白天热热闹闹的城市，耳边习惯了吵闹的白领们，对于夜晚的静谧甚至有些恐惧。她们在忙碌中跟时间赛跑之后，都害怕与自己独处，总觉得有一种落寞感。宁愿过着浮华的生活，吃吃喝喝、玩玩笑笑，也不愿面对自己，孤孤凄凄。

其实，一个心理成熟的女人应该懂得与自己相处，并且还时常与自己独处。伍尔夫说过：“女人要有一间自己的屋子。”这间屋子，不是指房子，而是指心灵的空间。

每个女人都应该在心灵上留下一个角落，完全属于自己，所有的秘密、所有的悲欢喜乐，统统被收藏在此。只有独处的时候，一个人才能了解自己。当浮躁沉淀下去，女人就会发现，独处的时光很美妙，很轻柔，像音乐一样令人舒缓。这时便不再防备，不再挣扎，而是安安静静地给心灵放个假。

一位女士去寺庙拜访清海禅师。她对禅师说，只有与别人在一起、置身于喧闹的环境中，才会感觉到快乐；每当自己一个人的时候，就会感到莫名的空虚和浮躁，看电视会不停地换台，做什么事情都难以专注。

清海禅师提议，让她修炼“宁静法门”：起初，手拿一本书，静下心来读；而后，放下书，也能安静下来，享受与自己独处的乐趣。禅师说：“独处是一种心灵的满足。独处时，你可以做的事情有很多，读书、写作、回忆、遐想、沉思……修行的人，总是会享受独处的乐趣，在独处中享受心灵的安静，在安宁中，追求灵魂的清明。”

越是身处浮躁之中，越要保持内心的宁静，没有一份沉稳、踏实做事的心态，急躁沉不住气，即便目标再高远、理想再崇高，也不过是水中花、镜中月。

淡定坦然，拥有一颗平常心

什么是平常心？所谓平常心，就是一个人非常清楚所处环境里的是是非非、好坏美丑，对所有现象一目了然，但却丝毫不受影响，不管身处在怎样的环境里，都不会随外境起舞，也不会受环境里的种种情况影响而浮动。平常心是遇到各种突发事件时能抑制自己不受影响的一种心态。一个幸福的女人必须懂得用一颗平常心去拥抱生活。

在错综复杂的社会中，若想在各种压力下保护自己，平常心是良药中的精品。有了平常心，你才能尽快地从竞争失败的阴影中走出来，鼓起勇气迎接下一次的挑战。有了平常心，你才能在挑战中不畏首畏尾，全身心投入。

平常心是一种良好的心态，也是一种处世哲学。拥有平常心，我们就会对日常生活中所发生的事情处变不惊、安稳淡定；拥有平常心，我们就会无为、不争、不贪、知足。平常心，是一种淡泊之心，是一种忍辱之心，也是一种仁爱之心。

平常心能让女人用一种理智的、处事不惊的思维解决遇到的问题，也体现了一个女人良好的处世能力。不管遇到什么样的事情，女人都应该以一颗平常心对待，不要急躁，凡事三思而后行，因为“冲动是魔鬼”，在冲动之下做出的决定事后极有可能会让自己后悔。

下面我们看一个例子：

某公司要裁员。裁员名单公布后，内勤部小容和小莲按规定一个月后离岗。

得知这个消息，同事们看她们都小心翼翼的，更不敢和她们多说一句话，因为她们的眼圈都红红的。这事摊到谁身上都难以接受。

由于是在单位的最后一个月，小容的情绪很激动，谁跟她说话，她都像吃了火药似的，逮着谁就向谁开火。裁员名单是老总定的，跟其他人没关系，甚至跟内勤部都没关系。小容也知道，可心里憋屈得很，又不敢找老总去发泄，只好找杯子、文件夹、抽屉撒气。“砰砰”、“咚咚”，同事们的心被她提上来又摔下去，空气都快凝固了。人之将走，其行也哀，谁忍心去责备她呢？可小容仍旧不能出气，又去找主任诉冤，找同事哭诉。“凭什么把我裁掉？我干得好好的……”眼珠一转，滚下泪来。旁边的人心里酸酸的，恨不得一时冲动让自己替下小容。自然，办公室订盒饭、传递文件、收发信件，原来是小容做的，现在却无人过问。

小莲却不一样。同事们早已习惯了这样对她：“小莲，把这个打一下，快点儿！”“小莲，快把这个传出去。”小莲总是连声答应，手指像她的舌头一样灵巧。裁员名单公布后，小莲哭了一晚上。第二天上班也无精打采，可打开电脑，拉开键盘，她就和以往一样地干开了，小莲见同事们不好意思再嘱咐她做什么，便特地跟大家打招呼，主动揽活。她说：“是福跑不了，是祸躲不了，反正这样了，不如干好最后一个月，以后想干恐怕都没机会了。”小莲心里渐渐平静了，仍然勤劳地打字复印，随叫随到，坚守在她的岗位上。

一个月满，小容如期下岗，而小莲却从裁员名单中删除，留了下来。

可见，以平常心观不平常事，则事事平常。平常心不是“看破红尘”，平常心不是消极遁世，平常心是一种境界，平常心是积极人生，平常心是道。不以物喜，不以己悲。其实，不要指望自己的每一次付出都必然得到回报。

如果你抱着一颗平常心，在日常工作、生活中，多多体谅别人，你最终必然会得到回报，而且是各方面的丰厚的回报。

女人贵在拥有平常心，有了平常心之后，才能在追求成功的过程中处变不惊。很难想象一个没有平常心的女人能在各种场合谈笑风生，没有平常心也是很难成事的，因为没有平常心便不敢追求新奇之事，也不能突破陈规旧俗，当然也就很难取得好成绩。

用平常心拥抱生活，你的生活将充满快乐。平常心的世界是无限的，在平常心的字典里找不到烦恼。生活并不是一帆风顺的，有成功也有失败，有开心也有失落，若把这些起起落落看得太重，那么生活对于我们来说永远都不会坦然，永远都没有欢乐和笑声。

我们感悟平常心，拥有平常心，读懂平常心，就像夜里看到满天星光。感悟平常心，宛如在静静的旷野，在清幽的山涧，寻找清泉，寻找幽兰，静听樵歌；拥有平常心，宛如拥有一架美妙的竖琴，让女人心灵沉浸在欢欣、激昂的乐曲里；读懂平常心，宛如向心灵世界播撒阳光、雨露，满溢波涛与浮光。人心如镜，照山是山，照水是水，女人需要时时反省，时时自视，时时自悟，不失自我，不失良知，不失睿智，不失真诚。如果女人在明智的思索中寻求平常心，寻求一份超然物外的自然，顺其自然，女人就会得到宁静。

因此，无论生活是乌云密布、雷声轰鸣，还是阳光明媚、鸟语花香，我们都要持有一颗平常心，不自以为是，不骄傲自大，也不自卑自贱，不心灰意冷。

心灵箴言

得而不喜，失而不忧，生活要有平常心。人生中，长长短短，聚聚散散，不是处处、事事、时时都能顺心如意，尽善尽美，用平常心拥抱生活才是人生的至高境界。拥有平常心，你才能从容地面对自己，面对自己的现实环境，面对自己的能力，面对自己的失败，进而从容地接受现实，认识自己的不足与缺点，不断激发自己的进取心，不断地战胜自己，提高自己。

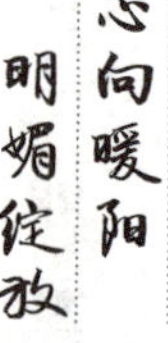

沉静婉约，让心灵多一份内涵

某记者曾问一位女作家：“在喧闹的人群中，你会选择用什么方式引人注意？”

女作家的回答简洁却富有深意，她说：“我会选择沉静地坐着。”

是的，这世间就是有一种女子，她只是安静地坐在那里，那份与生俱来的圣洁和肃然，就能透出一股难以言表的高贵气息，即使荆钗布裙，粉黛不施，也自有一份端庄，一份优雅。看似无声无息，而流露出的富有穿透力的气息，却足以让人在喧哗中停下来，多看上一眼。

年轻时的她，是部队里的文艺骨干。优美的舞姿，轻盈的体态，飞扬的青春，任她走到哪儿，都是一道别致的风景。和所有的女人一样，她也抵挡不住岁月的脚步。时光荏苒，转眼间，就已走过不惑之年。比起街头巷尾那些穿着短裙扎着马尾的姑娘们，她显得老了，没了妖娆的风姿。可是，她身上散发着一股沁人心脾的美，惹得艳羡的目光却丝毫不减当年。

现在的她，多了一份沉静，一份端庄。她不会穿那些刻意扮年轻的衣服，她知道自己过了天真的年岁，那属于年轻人的鲜艳清纯的衣服与一张成熟的脸会让人不忍目睹。可是，她身着高雅大方的素裙，仍然让人眼前一亮。平实的心态，丰厚的内涵，让她有足够的底气驾驭增长的年岁，那份坦然的知性美，那份沉静温婉的姿态，是在岁月的积淀下雕琢出的一块璞玉，温润沁心。

她不会为一点小事扰乱心情，愤怒或咆哮，多年的摔打与磨砺赋予了她一颗平和的心。那些背后的暗箭，伤人的话语，她听到了，也只是置之一笑。阅尽生活的沧桑，心灵自然多了一份宽厚与豁达；品尽人间酸甜苦辣，看遍生命的沉浮，自然不会再为无谓之事烦恼。她守着一颗沉静的心，活出了优雅，诠释了低调的绚烂。

她曾对女儿说过这样一番话："没有人知道你的付出时，别急着去向谁表白；没有人懂你的价值时，别在人前炫耀；没有人理解你的志趣时，别放弃坚持。"在这样一位性情成熟、言行沉稳的母亲的熏陶下，女儿也出落得知性不凡。

其实，她不是在教女儿培养怎样的性格，她是在教会女儿作为女人该有的姿态。这远比告诉她如何搭配衣服、如何画眉施粉要珍贵得多。对女人而言，沉静是一种低调的张扬，是一种自信的活法。尤其是当青春的容颜不再时，沉静就更显得富有内涵，那是一种看清人生之后的从容。

沉静的女人知道，人生的风景不只有青绿，还有金黄；沉静的女人知道，世间繁华如过眼云烟，青春不再无须挽留；沉静的女人明白，内心充盈才能听到自己真实的声音，才能看淡世间的喧嚣；沉静的女人懂得，要把外在的美延续，就要把人生的涵养、经历和沧桑融入于心，化成一份沉稳大气，一份优雅从容。

可惜，许多女人还未曾真正读懂这份沉静的美。置身于人群，为了寻找自身的存在感，吸引更多的目光，她们会刻意提高声调；为了满足虚荣的心理，会故作自然地爆料出认识什么人，有过怎样特殊的经历；为了显得与众不同，会把自己当成时尚杂志的代言人。可是，她们或许从未发觉，就在她们身边，坐着一位清新脱俗、平视不语、表情温和的女子，正在散发着无声胜有声的美。相比之下，那咄咄逼人的架势、刻意炫耀的姿态、时尚美丽的装扮，都显得肤浅、粗俗、愚蠢，令人感到索然无味，犹如“小丑”在自导自演一出闹剧。

天不言自高，地不言自厚。沉静的女人深谙此理，她们从不把张扬当个性，把炫耀当魅力。不会不分场合、不看对象就自以为是地说笑不止，而不顾别人的感受。她们明白什么该说，什么不该说，什么是别人的痛，什么是别人的隐私。她们不会粗枝大叶，亦不会夸张做作，她们知道怎样展示自己的格调，知道怎样对待复杂的生活，更知道怎样捕捉到高贵与优雅。闭口不言，莞尔一笑，那是剔除浮躁之后的宁静，是拒绝平庸之后的高贵，是抛弃浅薄之后的成熟。

沉静的女人，含蓄、矜持、内秀，经得起时间的雕琢。年轻女子的沉静，会让美丽多一份深邃，会让心灵多一份内涵。外在是甘于寂寞，不动声色，内里是沉着自信，默默进取，容纳着一切，却又超越着一切。中年女人的沉静，一如婉约、高雅的桂花，散发着清新怡人的香气，那是少经世事历练的年轻女人所没有的魅力，是经历岁月沉淀的成熟气质。

做一个沉静的女人，婉约高雅，微笑留香。

心灵箴言

沉静的女人，从不吵闹，从不炫耀，从不浮躁。所以，别再露出夸张的大笑和露骨的谈吐；别在得意的时候露出对他人不屑一顾的表情；别在享受幸福的时候，想让全世界的人都为你喝彩。只要做好自己该做的，在内心细细品味生活的喜悦，谦和地对待身边的每一个人，即使生得不漂亮，也一样能够让人刮目相看。

内心宽厚，涵养优雅美好的性情

生气是人们日常生活中最常见的负面情绪之一。由于大多数女人心思细腻，把事情看得太细、太认真，一旦有些事情违背了自己的准则或信念时，就会陷入到生气这种不良情绪中。现代都市中的女性大多具有良好的教育背景和独立的思想，她们拥有自己的价值系统，她们以此为依据划分怎么样才是对的，给自己和别人竖立起标杆，一旦别人或自己的一些行为违背了这些标准，她们就会生气不高兴。

女人并不能达到超然于世、不喜不悲的境界，生气在所难免，不过生气确实能给女人带来不好的影响。只有意识到生气的这种危害，才能让女人理智地控制这种不良情绪的蔓延。

当一个人怒气冲天的时候，暴躁、发泄或疯狂就会使他丧失理智，从而抑制住他的智慧与能力，事情的结果必将向不利于他的方向发展。只有以纯正祥和的心态做事，才能使自己的智慧充分发挥，达到最佳的效果。由此可见，气急败坏只不过是无能的表现，女人如果能通过修炼彻底消除心中的怒气，那才是真正的了不起！

生气不仅让人失去冷静、无法理智思考，还会影响到女人的健康与容貌。经常生气、发火、多怒的人，大多表情阴沉，皮肤灰暗无光泽。生气易致怒，面部皮肤在连续不断的“怒火刺激”下会色泽变暗，失去弹性而加速松弛，出现皱纹，使细胞角化加快而衰老。生气同时也使身体内分泌功能失调，生理状态及新陈代谢发生异常，疾病随之而来。性格不稳定的人，面容大多比实际年龄要老得多。云想衣裳花想容，爱美的女人若想留住自己美丽的容颜，保持平和的心态、不轻易动怒无疑也是一条良方。

要想正确处理生气的这种情绪，应该先找到生气的根源。一般来说，生气有难易之分。一个人是否容易生气，要看他宽容的标准，也就是你胸怀的大小决定你生气概率的大小。动不动就生气的女人，是因为她的价值系统认同的范围太窄，所以别人的一些行为很容易触犯她的准则，使她不高兴，于是生气。其实别人可能根本就没有做错什么。当然别人做没做错也正是根据她的价值系统来评估的，所以别人的对错也没有客观标准，完全在于接受方的评价。女人之美，有三个层次，一是美丽、二是魅力、三是心境。女人的成熟，更多显现在宽容豁达、神闲气定的心境中。

另外，不容易生气的女人除了拥有比较宽容的价值系统以外，还有一条直接避免生气的信念，那就是同理心，即将心比心。虽然她不赞同别人的意见或行为，但她能理解，如果能做到这一点，生气的次数大概要减少80%。还有一条最有效的信念，可以将生气压到最低限度。那就是当别人的行为你不能赞同，也不能表示理解，可以说你认定他完全错误，这时候告诫自己，生气就是拿别人的错误来惩罚自己。有了这一条，你想生气都难了。

一对小姐妹乍看起来两人之间并没什么区别。不过姐姐看起来虽然文文静静，但脾气却异常火暴。比如一起买东西时，姐姐经常教育妹妹，“你是笨蛋吗？这块肉看色泽就已经不新鲜了”，或者“你是白痴呀，这个牌子的薯片明明在打特价，还要拿那个”，更狠的还有“你这只猪，金额超过了，你不会算吗？”

挨骂的妹妹居然一声不吭，任由姐姐在旁边聒噪，依然气定神闲地挑选商品，丝毫不受影响。

有一天妹妹一个人来到店里，店员按捺不住自己的好奇心，便和妹妹聊起天来。

“今天怎么一个人来？”店员问。

“姐姐去参加合唱团了。”妹妹一边挑商品一边回答。

“我觉得你姐姐好凶啊！”店员试探性地表示。

“还好啦，她就是这样的脾气！不理她就是。”妹妹在卖场逛着，神情相当愉快。

“可是她每天骂你，你不生气吗？”店员好奇地问。

“爱生气的人是她又不是我，而且被骂一下又不会痛。”妹妹微笑着对店员说。

我们只能用小女孩大智慧来形容这个可爱的妹妹了，小小年纪就有如此平和豁达的心态。所以还是那句话：生气是一种态度，是一种选择，全在于你愿不愿意，不关别人的事。千万别说是谁惹了你，是谁令你生气，生气完全是你自己要的，自己选的。

快要下班的时候，赵颖和同事晓露因为工作上的事发生了一些争执。两人谁也没说服谁，最后闹得很不愉快。回到家，赵颖仍然怒气未消。

吃过晚饭后，赵颖打开电脑，发现晓露给她发了一封邮件。赵颖心里疑惑，白天才跟她闹翻，怎么这么快就给我发邮件？况且有什么事情，不能在办公室里说呢？不过她还是忍不住打开了邮件。

她轻轻地点击了一下附件，只听见“砰”的一声响，电脑屏幕上出现了一堆什么也看不清的乱码和马赛克，乱码上还有一些大红的色彩。除了这些，别的就什么都没有了。

这封邮件彻底激怒了赵颖。赵颖认定晓露是利用邮件给她传了一个电脑病毒，于是立刻拨通了晓露的电话。

“喂！晓露，你太过分了！居然给我发病毒攻击我的电脑！我们只是工作上起了一些争执，没想到你的报复心理这么强！”电话刚一接通，赵颖就劈头盖脸地朝晓露吼起来。

“……”晓露并没作声。

“怎么不说话？是不是觉得理亏不敢承认了？”赵颖接着质问晓露。

“呵呵……”晓露轻声笑了下。

“你觉得这样很开心?！”听到晓露的笑声，赵颖更加生气。

“赵颖，你是一个很好的工作伙伴，但就是太容易发火了。你看看你电脑屏幕右下角那行绿色的小字。”晓露平静地说。

赵颖看了下电脑屏幕，果然如晓露所说有行小字，写着“请退后两步，再看这封邮件”。赵颖按照提示向后退了两步，发现刚才的那些乱码已经变成了清晰的“抱歉”两个字，而那些大红的色彩，也变成了一颗温暖的心。此时，赵颖终于明白晓露的用意：她是在用心向自己道歉！此时，赵颖不由得为自己刚才因为生气而一时失去理智的行为感到惭愧。

平静后的赵颖很感谢晓露让她意识到了自己的缺点，并向晓露表达了歉意，而在后来的工作中，赵颖和晓露消除了心中的隔阂，成了公司里最出色的黄金拍档。

从赵颖的邮件事件中，女人应该明白一个道理：人在丧失理智的时候，不能被正常的思维所左右，头脑已不存在正常人应有的理性。理智是靠大脑控制的，大脑失控，理智自然丧失，变得不可理喻、暴跳如雷。此时的行为往往受事件的诱惑、刺激、冲动、非理性的感召而不能自已，所造成的恶果令人思之后怕。

一个有理智的女人，往往能及时意识到自己情绪的变化，以及由此变化而产生的后果，因而能迅速控制自己的情绪。当她怒从心头起时，马上便会意识到这样做不对，于是很快冷静下来，用理智减轻自己的怒气，这样就不会使用粗俗的语言侮辱别人，更不会因为一时冲动做出让自己后悔的行为。愤怒是表现得最为激烈的负面情绪，而诉诸到言语或行动上的宣泄方式也特别具有侵略性和破坏性。因为愤怒，女人会失控做出不该做的事。愤怒是一种自然的情绪表现，所以我们视它为理所当然，可是如果处理不好，无法妥善面对自己的愤怒，可能会衍生各种心理及精神问题。

看过电影《林则徐》的人可能还记得，林则徐在墙上挂着“制怒”的条幅，就是为了提醒自己及时调节情绪。在发现自己怒火中烧的时候，女人一定要赶快提醒自己，现在我应该控制一下自己的情绪了。当你在动怒时，最好让理智先行一步，你可以自我暗示，口中默念：“别生气，这不值得发火”、“发火是愚蠢的，解决不了任何问题”。你也可以在即将发火的一刻对自己下命令：不要发火！坚持一分钟！一分钟坚持住了，好样的，再坚持两分钟！两分钟坚持住了，我开始能控制自己了，不妨再坚持一分钟。三分钟都坚持过去了，为什么不再坚持下去呢？最终，理智会战胜愤怒。

“冷处理”可以给女人冷静思考的时间和一个解决问题的平静心情。有些事件不是当时非处理不可的，就过两天再谈，如发生口角，先停下来，过两天双方都心情平静了再解决问题，就会减少怒气。愤怒会使女人失去理智、意气用事，进而做出过分的行为及不合乎理智的言语，而有“行事愚妄”的现象。心理学家说：“发怒乃片刻的疯狂，会使人失去理性，如果你不控制你的这种情绪，情绪就必控制你。”

心灵箴言

面对指责，调整心态，不让情绪成为主宰，每个女人都可以变得优雅。少一点冲动和鲁莽，少一点怒气和懊恼，对丈夫温柔体贴，对孩子开明教育，对老人理解尊重，这些力所能及的事，并不需要太多的技巧，只需一颗温润的心。但也正是这些细小的行为，构成了优雅美好的性情，让任何一个平凡的女人都可以熠熠生辉。

忍让是理智的花，是成熟的果

著名思想家卢梭在他的著作《爱弥尔》中说过，“忍耐是痛苦的，但它结出的果实是甜美的”。愚者快乐一时，痛苦一世；智者痛苦一时，快乐一世。聪明的女人应该了解忍让是一种大智大勇的表现，忍让会让女人不计较一时的高低、眼前的得失，而是胸怀全局，着眼未来；忍让也是一种美德，拥有这种美德的女人会以宽广的胸怀、无私的心灵去容纳和感化别人；忍让更是一种人生境界，它可以帮助女人平静地面对荣辱得失、爱恨纠葛，不以物喜，不以己悲，笑看花开花落，最终会收获一份丰厚的人生果实。

虽然同在一个世界，人生境界却是千差万别。每个女人难免要遇到各种不同的困难和挫折，谁也不可能保证一路上风雨无阻。要提高自己，必须要忍耐一个痛苦的过程。古人有云：“天将降大任于斯人也，必先苦其心志，劳其筋骨，饿其体肤，空乏其身，行拂乱其所为，所以动心忍性，曾益其所不能。”苦其心志，劳其筋骨，是收获甜蜜结果的必经之路。

一家瓷器店营业员面对一位十分挑剔的女顾客，给她拿了好几套瓷器，挑了半个钟头还没选中。因顾客太多，他先照应别的顾客去了。

这位女顾客以为冷落了她，便把脸一沉，大声指责说：“喂，你这是什么态度，你没有看见我先来吗？为什么扔下我不管？”她把钞票往柜台上一扔，命令道：“快给我买单，我还有急事！”这话真够刺耳难听的。

然而，营业员不愧是劳动模范，他没和她“一般见识”，安排好其他顾客，和颜悦色地对她说："请你原谅，我们店生意忙，对你服务不周到，让你久等了，我服务态度不好，欢迎你多提宝贵意见。"

营业员这几句忍让而谦逊的话一出口，那位女顾客的脸一下子红了，转而难为情地说："我说得不好听，也请你原谅。"

从这件小事中我们可以看到营业员以忍让对待生气的顾客，表面上"似水柔情"，实际上"力胜千钧"，产生了积极的效果，既维护了商店的形象，也让顾客意识到了自己的无理。女人要明白：忍让的态度，由于充满了对对方的尊重、宽容和理解，这本身就产生了一种感化力，这种感化力有助于达到你想要的结果。

忍是理智成熟的表现。遇到矛盾和冲突时，女人要保持清醒的头脑，努力克制自己，耐心地讲道理，进行说服和规劝，及时化解矛盾；即使对方仍然蛮不讲理，我行我素，也无须恶语相加，更不要轻易地采取过激行为，"以眼还眼，以牙还牙"，以非法手段对付不法行为，而是要理智地忍让并依靠法律程序解决问题，做到坚持原则，坚持真理。女人要加强道德修养，学会理智、冷静地处理问题，在一些非原则的是非面前，要懂得忍让哲学，容人让人，这样才能变成一个优雅、成熟、受人欢迎的女人。

一位戴花帽的姑娘在街头碰上几个小伙子，其中一位竟伸手摘下了她的帽子。面对挑衅，姑娘又怕又怒又紧张，但她马上冷静下来，彬彬有礼地说：

"我的帽子挺漂亮，是吗？"

"当然，它和你这个人一样，真美。"男青年说。

姑娘温和地说："你一定是想仔细看看，好给你的女朋友买一顶吧？

我想你绝不是那种随意戏弄人的人。”她话里有话，温和中深藏开导，委婉中包含锋芒。

“当然”，男青年有几分尴尬，不由自主地还了花帽，一场危机就这样被制止了。

从中我们不但看到了姑娘的机智，而且对她留下了理智、成熟的印象。我们看到，自始至终姑娘没说一句强硬的话，而是用含有“潜台词”的柔和软语，巧于应对，成功地激发了对方的自尊、自爱心理。她用忍让的态度、理智的语言塑造了一个见多识广、不容侵犯的强者的形象，使对方不敢轻举妄动。在危机面前，如果可以做到忍住气，不发火，你就能理智地解决面临的冲突。

现实生活本身并不全是理性的，其中也充斥着很多无奈的逻辑。譬如，某些人的性格带有攻击性，这就意味着另一些人会无端地遭到挑衅。如果对所有的“攻击”都施之以“反击”，那么生活中将永远充满火药味。一般来说，交往过程中有了矛盾，双方可能都有责任，但作为当事人应该主动地“礼让三分”，从自己方面找原因。忍，实际上也就是让时间和事实说话，使许多矛盾通过“冷处理”得以慢慢淡化、消释，进而摆脱无原则的纠缠和不必要的争吵。古人讲的“忍气饶人祸自清”，道理就在这里。

男人学会忍，为他们增添了迷人的人格魅力；女人学会忍，使她们的性格更加温润。忍耐是人生的一个过程，是成长时的一种必须，学会忍耐受益一生。

心灵箴言

麦穗只有忍受冬雪的漫长，忍受春风的摆布，忍受夏阳的炙烤，才会粒粒饱满；翔鹰只有忍受暴风的洗礼，忍受雨雪的考验，忍受断翅的伤痛，才能翱翔于苍穹；而女人只有忍受成长的苦恼，忍受理想的破灭，忍受社会的锻炼，才会盼来人生的春天，才会迎来硕果的秋天。

自我解压，找回心中的宁静

现代社会犹如一个巨大的高压锅，我们不仅要承受来自工作方面的压力，还要承受来自家庭方面的压力。工作量大，竞争激烈，很多人担心公司倒闭、裁员、减薪、人事复杂、工时过长、工作方向常常转变、职位角色含糊等，这些状况都使我们遭受压力。而赡养老人、教育子女、购置房屋等又需要大笔资金，加上每月的水、电、煤气和物业费等各种生活费用，以及人情往来和全家的医药费，又是一笔不小的数字。由于压力过大，各种各样的烦恼随时都可能降临在我们头上，于是，紧张、焦急、恐惧、愤怒、内疚等不良情绪就会不请自来。

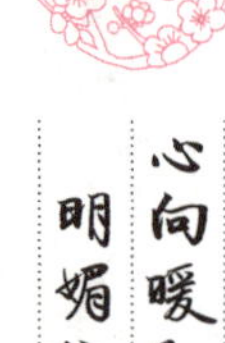

压力带来的不良情绪是一种消极的情绪，它会弄得人心神不定、心情低落、憔悴不堪。倘若不善于处理、化解这些不良情绪，我们就会被它们折磨得痛苦不堪，严重影响生活的品质，甚至招致疾病。所以，处于高压中的我们要学会自我解压，向不良情绪说“再见”。

萍是一名普通的家庭妇女，上有老人，下有儿女，每天还要按时上班。早晨，做饭、服侍老人起床、送孩子上学、自己上班；下午下班，接孩子放学、做饭；晚上要忙完所有家务才能上床睡觉。每天如此。近期，萍单位的效益不好，公司施行末位淘汰。由于萍无法全力投入工作，绩效无法和一些年轻人比，被单位亮了红灯。

家庭的重担，工作的压力，终于使萍不堪重负。每天晚上都失眠，辗转反侧睡不着。第二天，又不得不应付家务和工作。周而复始，不到一个星期，萍消瘦了很多，也出现了恶心、腹泻的状况，住进了医院。

医生说，她压力太大了，需要减压，否则很难根除她现在的病状。最后，在心理医生的调理和医治下，萍才恢复了健康。

以上这个小事例警示我们：不懂得自我减压是很危险的一件事，对女人来说，在不良情绪和压力威胁到我们的健康之前，要想想办法，学习一些科学的自我解压方法来做到防患于未然。

那么，如何才能自我解压，向不良情绪说“再见”，你可以参考以下方法：

第一，放弃全面承压的危险。女人的焦虑往往超过男人。哈佛大学的研究人员对 166 名夫妇进行了六个星期的研究发现，因为女人们更爱方方面面地考虑问题，所以女人们比男人更经常感到压力。她们会考虑自己的工作、体重，还有每个家庭成员的健康等等。因此，女人们要想减轻压力，消除不良情绪，就必须懂得放弃全面承压的危险。

第二，学会放松。比如现在的工作就是把这份报告打好，其他的事情一概抛在脑后，不去想。在工作的间隙，你也可以花上 20 分钟的时间放松一下，仅仅是散步而不考虑你的工作，仅仅专注于你周围的一切，就在那里静静地放松自己的心情。

第三，说出或写出你的压力。记日记、写博客，或与朋友谈心，都是不错的释放不良情绪的方法。美国医学专家曾对一些患有风湿性关节炎或气喘的人进行分组，一组人用敷衍塞责的方式记录他们每天做了的事情。另外的一组被要求每天认真地写日记，包括他们的恐惧和疼痛。结果发现：后一组人很少因为自己的病而感到担忧和焦虑。

第四，坚持锻炼。研究人员发现，在经过 30 分钟的踏脚踏车的锻炼后，被测试者的压力水平下降了 25%。可见，坚持锻炼身体有利于不良情绪的释放。另外，你还可以上健身房，快走 30 分钟，或者在起床时进行一些伸展练习。

第五，坚持按摩。这里的按摩不只是传统的全身按摩，如果有条件的话，还可以去做足底按摩、修指甲或美容，这些都能让你的精神松弛下来，缓解压力，变得放松。

第六，放慢语速。一个人每天要应付形形色色的人，说各种各样的话。那么你一定要记住，尽量保持乐观的态度，放慢自己的语速。

第七，学会幽默，不要太严肃。在适当的时间和地点，不妨和朋友一起说个小笑话，大家哈哈一笑，气氛活跃了，自己也放松了。

此外，读一篇小说、唱歌、啜茶，或者干脆什么也不干，坐在窗前发呆也行。这时候关键是你内心的体会，要放松，去享受心底的宁静。

心灵箴言

由压力引起的不良情绪是女人健康和容颜的杀手。当不良情绪来临时，要及时疏导、分解而不能抑制、阻塞。可以发泄，可以倾诉，可以是身体运动，可以是言语发泄，不管是行为上的还是语言上的，都要通过适当的途径来排解和宣泄，原则是不能伤到他人。学会解压，向不良情绪说“再见”，你会发现心情是那么舒畅。

【第四章】

快乐绽放，让你的生命洒满阳光

做一个快乐的女子
美丽地绽放在自己的生命里
让岁月永远芬芳
用自己独特的方式
去诠释与众不同的人生
让心中有景绽放
让生活有诗意添香
让柴米油盐的日子
也能拥有品一杯香茗的惬意
如此，甚好

释放心灵，快乐不需要理由

翻阅照相簿的时候，穿越时光看到小时候的那个天真小女孩，总是对着镜头欢笑，露出可爱的小虎牙；再之后成了羞涩少女，总是浅浅微笑，低着头，收着下巴，穿着浪漫的长裙子，快乐不再赤裸裸地暴露在阳光下，而是学会了收敛，学会了仅仅把快乐放在嘴角眉梢来显现；照片越往后翻，笑容就越少，到了近期的照片，身处都市迷离的夜灯下，穿着小套裙，脸上写满疲惫与冷漠。那个小女孩的快乐呢？

其实，快乐没有溜走，只是被我们埋到心灵的最深处，套上了枷锁，枷锁上写着“此门封闭”。我们的心，被我们自己关上了门，于是快乐就成了看不见的地下矿藏。有时候会怀念那个久远年代的小女孩，快乐从来不需要理由，晴朗的天气、冬日里的暖阳、夏日傍晚的晚风……这些都可以成为我们快乐的源头。时光带给我们的最大变化，就是我们的快乐需要越来越多的理由和越来越高昂的代价。

人与人之间，哪怕毗邻左右，也相隔甚远，因为每一颗心都是封闭而戒备的。于是快乐渐渐离我们远去，我们也渐渐忘记了如何发自内心地真诚微笑。可是，这样的我们幸福吗？我们在抵挡住明枪暗箭的同时，是否也吓跑了一些善意的分享快乐的真心？在快乐与利益的天平之间，我们应该把最后的那个小砝码放在哪一边？是为了追逐利益而以防备的眼神看所有人，让自己不苟言笑，还是为了快乐，而宁可做那个有点傻气的小女人，依旧相信真善美，依旧用细腻的心去感恩每个人每件事？怎样的女人才是最幸福的呢？

国际影星张曼玉，从最初的稚嫩花瓶，成长为今天的国际明星，并且在美女如云的演艺圈，被作为“常青树”的代表而得到观众青睐。从《甜蜜蜜》到《阮玲玉》再到《花样年华》，张曼玉一路走来，她和其他女星的不同之处也逐渐显露出来。她最大的独特之处在于她身上随时释放的一种洒脱。在众多女星都用训练有素的标志性表情、笑容来对付媒体应付观众时，张曼玉是在用心演戏、用心做自己。如果说这两者之间最大的区别，那就在于，其他女星的心是封闭的，而张曼玉的心是敞开的，在她的眼神里，你可以看到她是真的快乐，是真的喜欢这个角色，喜欢这个行业，而不是纯粹为了金钱或是名誉。

还有一个典型，就是杨紫琼。说到杨紫琼，浮现脑海的第一个词汇就是“真性情”，无论戏里戏外，她都是那个敢爱敢恨、敢说敢做的“打女”，从来没有把自己的心藏得很深，而是敞开胸怀，很直接地告诉你，我的真心就是如此这般，我的想法就是这样，我很快乐。而正是这样的杨紫琼，不为名利而委屈自己，释放心灵，真正地追逐自己认为快乐的正确的事情。她成功了，她在影坛的地位不可撼动。

做一个幸福女人的首要前提就是释放心灵。只有释放心灵，才能看到身边的美好；只有释放心灵，才懂得珍惜眼前人；只有释放心灵，才明白原来曾经紧抓不放的东西其实只是鸡肋；只有释放心灵，才能使伤痛雁过无痕。当你打开尘封已久的心，你会发现，原来每天早上送报纸的小伙子很热情；原来每天早上为家人做好早点就可以得到他们真心的爱；原来办公室的同事不是特意针对你，而是有她的苦衷与隐情；原来每天给你发短信的那个傻小子其实很可爱……

从现在开始，请不要再埋怨为什么老板没有给你提升，不要再苦闷为什么没有好男人来爱你，不要再计较为什么昔日同学比你有钱，不要再生气为什么没有一个有权有势的家长……凡此种种，都不应该成为我们幸福快乐的羁绊，我们总是把责任推到外界，而真正的问题往往在我们自身。

释放心灵，你会发现，没有什么值得我们从“笑颜如花”而变成“愤懑难平”；释放心灵，真心待人，如果曾经犯过什么无心的错误或是产生过什么误会，真诚地道歉和解释；释放心灵，善待自己，如果还没有人看到你的好，请相信，过好生活每一天，你的纯净与认真一定会有人发现。幸福的女人，总是先释放自己的心，然后变得快乐、友善，最终功德圆满。

心灵箴言

释放你的心，你便会由衷地展露笑容，因为生活的确不是缺少美，而是缺少发现的眼睛；释放你的心，你的快乐便不再需要刻意寻找理由，总是自然而然就感到愉悦，因为的确有许多善意与爱围绕在身边；释放你的心，幸福就会悄悄来敲门，送给你最惊喜的礼物。

积极乐观，做一个清朗明媚的女人

有一个流传很久的故事，说的是老婆婆的两个儿子，一个卖伞，一个卖草帽，结果无论晴天雨天，总是愁眉不展，后来经人点拨想通了，无论晴天雨天，都笑逐颜开。很多人现在听到这个故事，都会觉得最熟悉不过，太通俗了。但这里面蕴涵的最简单的道理，我们却未必真的已经心领神会，未必已经做得很好。

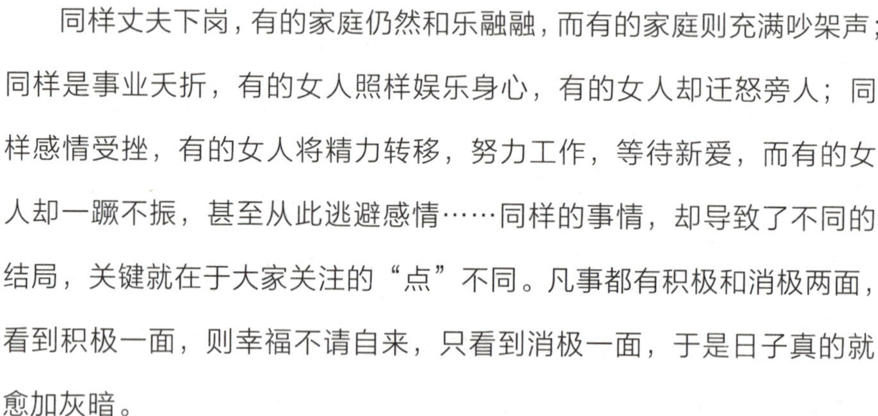

同样丈夫下岗，有的家庭仍然和乐融融，而有的家庭则充满吵架声；同样是事业夭折，有的女人照样娱乐身心，有的女人却迁怒旁人；同样感情受挫，有的女人将精力转移，努力工作，等待新爱，而有的女人却一蹶不振，甚至从此逃避感情……同样的事情，却导致了不同的结局，关键就在于大家关注的“点”不同。凡事都有积极和消极两面，看到积极一面，则幸福不请自来，只看到消极一面，于是日子真的就愈加灰暗。

幸福其实是建立在女人积极快乐的心态之上，生活往往垂爱那些积极的人。家里面有一个乐观积极的女人，整个家立时就充满了人情味。有时候一个家太冷清或充满吵闹，并不是因为有一个严肃木讷或暴躁的男人，而是因为有一个消极乏味或满腔怨恨的女人。女人的心总是纤细敏感，这就要求我们更要看得开、想得通，不要紧盯着消极面，积极乐观地对待生活，对待自己和身边的人，这样才会赢来转机。消极是把双刃剑，它在割破了我们自己的同时往往也把别人弄得痛苦不堪。既然人生还有另一种活法，为什么不积极乐观地过日子，为什么一定要自找郁闷、自寻烦恼呢？

如果你仔细地观察地道的上海女人，就会发现她们的确有作为女人的大智慧。地道的上海人通常不如一些外来的新上海人富裕，但是日子却过得有滋有味，因为家里的女主人很乐观，会过日子。打个比方说，家里男人下岗了，没多少钱添置家具，她们就经常废物利用，用废旧的易拉罐做花瓶，旁边用绸带绑个蝴蝶结做装饰，再去花鸟市场砍价买回两支花，插在罐子里，顿时家里增添了一些点缀的乐趣；也许家里没什么好电器，但是一定是整整齐齐，干干净净。这种智慧是上海女人从小就受到的熏陶，因此她们能得到男人的疼爱，得到家庭的幸福。活出滋味其实并不是件难事。关键就看你是盯着消极面，还是看到了积极面。

女人总是感性多过理性，遭受挫折时便很容易走向消极，而改变消极思想最有效的办法就是转移角度。“两个人从监狱的铁窗往外看，一个人看见烂泥，一个人看见星星。”同样的窗户，所见却完全不同，这是因为他们的人生观不同。思想积极的人，善于从好的角度着手努力；而思想消极的人，经常喜欢往坏处去想，结果只能在这种悲观绝望中度过一生。从生理学上来说，一个人每天不断重复着一种消极悲观的思想，神经细胞之间就会建立起长期且固定的关系，从而变成自身的思想和情绪模式。我们的大脑会组装一种化学物质，叫做“胜肽”，随着血液流到我们身体的每一个细胞，被细胞周边的上千个感受器所接受，久而久之，我们对这种思想和情绪有了特定的胃口，会产生饥饿感，所以如果你长期不快乐、思想消极的话，你会发现自己遇到任何事情的时候，第一个反应就是不快乐和消极起来。

从现在开始，用心提醒自己，转变自己的思维方式，遇到任何事情的第一反应都不要是“糟了”，而要是“这没什么，一定会好的”；从现在开始，做一个神采奕奕的女人，保持可掬的笑容，带给人温暖和快乐，带给人鼓励和信心；从现在开始，把曾经那个沮丧忧烦的女人忘记，不要再把烦恼和忧愁写在眉目间，不要再莫名地自卑、失落、消极、伤感。

谁不喜欢乐观积极的女人呢？这样的女人永远自信而漂亮，总能看到事物积极的一面，于是时常都有着好心情，你总能看到她灿烂的笑容、飞扬的神采；这样的女人带动了自己的情绪，也感染了周围的人，于是形成一种良性循环。

心灵箴言

其实生活的道理很简单，快乐或是悲伤，它的选择权就在你的手中，多想想好的事情，多想想事情好的方面，积极乐观地去用心生活，自然而然便会豁达开朗，成为一个清朗明媚的女人。

保持童心，让自己的心灵永远青春

有一个女人，她在一家广告公司做平面设计，工作起来非常有效率，充满幻想的创意也让她颇受老板的赏识，不过她认为这应该归功于自己的童心。是的，每个第一次走进她房间的人，都会不由得惊奇，肯定会以为走错了房间，还以为是进入了小孩的卧室！屋子不大，没有床，在地板上铺的是整张软软的海绵垫子，她和丈夫是以地为床的。垫子是海洋蓝的底色，上面的鱼、蟹、海星栩栩如生。每天早上睁开眼，一定是幻想着来一次海洋旅行了。

很多女人随着年龄的增长，失去了天真的感觉，年轻的心不再容易颤抖。整天沉浸在世俗的吵闹中，为生计而奔波！是的，也许成人的世界有着太多的一本正经、衣冠楚楚，有着太多的规则和禁忌，所以，早晨醒来，暂时把这一切抛之脑后，抓住难得的机会自由地笑、大胆地幻想吧！美好的一天在等待着你！

天真的孩童总是喜欢笑。有时候会无缘无故地笑，那是抑制不住满心的欢喜。

天真的孩童总是喜欢幻想，总有一个个美好的憧憬和向往，喜欢施展想象力天马行空地奔跑。在他们的世界里，一根树枝可以变成一根神奇的魔棒，一把扫帚可以变一匹马……这些幻想是纯朴而又华丽的，无论它是昙花一现，还是长久的怒放，都能给我们这世界增添生动的、丰富的、美丽的内容。

是的，孩子的心灵是天真淳朴、晶莹剔透的。在孩子天真烂漫的童真世界里，一棵狗尾巴草和一个电动小汽车等价；一块蒙垢的石子比一块金子更有光泽……

蓝天、白云、花朵、露珠、清泉、雪花……一切美好的东西上都有童心的痕迹，一切美丽的东西都与童心的本质是相同的。但令人无奈的是，人们随着年龄的增长，阅历的增多，逐渐感觉到：拥有童心不易，保住童心更难。自信的女人就是在历经了生活的艰难困苦之后，拥有一颗纯真童心的女人。她们是真正意义上的贵族，她们知道“童心”是灵感的源泉，她们是你所接触过的最幸福、最有活力的女人。她们比普通人更知道怎样让自己内心的“孩子”出来亮相。早上醒来，她们能够傻傻地肆无忌惮地笑，就像回到了天真烂漫的孩童时代；她们能够完全地沉浸于自己的幻想，就像她们在孩提时代常常走神一样。她们清楚“真正的生活”不是整天工作和奔波，她们喜欢对生存保留一种孩子似的天真和好奇。

你可能会说：“我也时常想回到儿童时代无忧无虑的时光里去，但是我有需要照顾的父母公婆，有嗷嗷待哺的孩子，有经济上的烦心事以及其他需要考虑的问题。生活的重担让我喘不过气来，我怎么还有心思早上起来轻松地进入笑和幻想的世界呢？”事实上，你自愿回到儿童般的状态中，像孩子一样去开怀大笑，像孩子一样热爱幻想，并不意味着你必须放弃当一个成年人。

这仅仅意味着让你更自由自在一些，让你摘掉成年人的面具，记住你最初那双睁大了的眼睛，并且发自内心地赞叹整个世界以及其中的一切事物和人。尽情享受当孩子的乐趣，孩子气就好像大热天里的清凉饮料一样让人心旷神怡。

作为一个女人，无论处于如何艰难的境地，早上起来，你都可以畅快地笑，可以允许你自己享受有趣的幻想，以及精神健康的好处。你可以写

下 20 条你长期以来梦寐以求的事情，不论是参加马拉松比赛、上电视，还是访问。然后划去那些看起来在短期内无法实现的幻想。最后你至少会得到一项你今天就可以实现的梦想。马上去实现它吧！然后再开始计划第二件最切实可行的事。慢慢地，你就会实现许许多多看来“幼稚可笑”的幻想，而且大部分都会被证明是实实在在的成就。

孩童的笑和幻想是这个世界的原始本色，没有一点功利色彩，就像花儿的绽放、树枝的摇曳、风儿的低鸣、蟋蟀的轻唱一样。它们听凭内心的召唤，是本性使然，没有特别的理由。

童心是生产乐趣的工厂、治疗忧伤的灵药、流淌幸福的源泉，童心不老的奥妙在于拥有童趣的沃土。一切有生命力的东西，都是童心的驱使。保持一颗单纯而快乐的童心，是自我心理的需要，更是调节心理的良剂。

有一句西方谚语说：“人类最好的品质都是在孩子身上。”在社会生活的纷纷扰扰中，在工作责任的重重压力下，拾起久违了的童心，你会发现那是多么的可贵。

童心是自然的天性，是毫无装饰的美丽。一颗童心就是一个绚烂多彩的世界。只有长大成人并保持童心的女人，才是真正自信、真正美丽的女人！

保持一颗童心，是一门艺术，是一门人生的艺术，也是最难的一门艺术。

泰戈尔有句名言：“伟大的人物永远是小孩，死了，他把天真留给世界。”童心不能失去，童心是做一个健康、快乐、自信女人的需要；拥有童心的女人，会比其他女人享受更多的宠爱，享受更多的快乐，享受更多青春飞扬的自信！

心灵箴言

童心如花，童心璀璨。莫让失落的童心一度搁置，在这个纷繁复杂的世界中，把心深深地根植在童趣的沃土里，生活便不会如此沉重，你会拥有最开心的笑容！

打开心门，感受灿烂阳光

打开心灵的门窗，呈现在我们眼前的是一个纷繁美丽的世界。

用一颗美好的心灵去看待世界，时刻保持一种乐观的精神去面对人生，多一份自信，少一份自卑与失望。

用美好的心灵去看世界，总是用乐观的态度面对生活，多一份感激，少一份抱怨。

用美好的心灵看世界，总是用顽强的意志面对困难和挫折，多一份勇气，少一份怯懦。

用美好的心灵看世界，总能发现别人的优点，多一份肯定，少一份挑剔。

曾经有一个女人，每到晚上都会做一个梦，她梦见自己走在很长的走廊，在走到尽头的时候，出现了一道门，看见门她就全身发抖，直冒冷汗，但她一直不敢打开这扇门。就这样，20 年来她每晚一直都在做着同样的梦，她也找心理医师治疗了 20 年，但一直没能解决问题，后来她换了心理医师，也把梦的情形跟医师说了个明白。

医师在听完后觉得很奇怪，就跟她说："你为什么不把门打开看看呢？最多只是一死而已嘛！"女人想了想医师所说的话，觉得不无道理，因此，当晚就在梦中她便鼓起勇气把门给一下推开了。

隔天，她去找心理医师，医师问他："门打开了吗？"

女人点点头回答："打开了。"

医师问："结果门后有什么呢？"

她说："打开门后，呈现在眼前的是一片绿油油的柔软草地，有灿烂的阳光，还有耀眼的蝴蝶在飞舞。"

实际上在我们平时的生活当中有许多像这样的人，他们总是不敢打开生活的心灵之门，因为怕打开，所以，也就常常缩在幸福之门外不敢面对。

当孤单的时候，当寂寞的时候，当忧愁的时候，当心烦的时候，当矛盾的时候……"唉，我应该怎么办？"这是多么无奈的感觉呀！

轻轻告诉你，打开你的心灵之门吧！把你自己的烦恼、矛盾告诉你值得信赖或者有能力帮助你的人，让他（她）来开导你。人人都会遭遇到烦恼，关键是看你如何去面对，去对待。我们要少为小事而烦恼，多为目标而努力。我们就像是在大海上航行的帆船，海浪就像是我们在航行过程中所遇到的重重困难，我们必须要勇敢地战胜困难，奋力地冲向大海的彼岸。让他（她）们不断地认识自我从而增强调控自我、承受挫折、适应各种环境的能力。

如果一栋房子没有窗户，温暖的太阳也就根本没法照射进来，新鲜的空气也不能飘散进来。

对于人也是这样，心窗没有打开的时候，你就会感到气闷；一旦心窗打开了，心才能够通达，心灵的视觉才更清晰。

一旦窗户打开了，心灵的空间也就豁然开朗，对于一些事情也自然看得更加的透彻，这时你的生命就充满了快乐，生命就有了意义，这时你就觉得上帝给了你一件最难得的礼物——生命。为了报恩，你会珍惜自身的生命，热爱健康，在漫漫的生命长河之中就会发现幸福、快乐、热情和友爱。

人，总是为追求名与利、权与势而不辞劳苦，追求私欲而不会感到满足，追求情爱而缠绵不尽，对于所有的这些，就会使人万般的痛苦而陷入不能自拔的地步。如果人人都能打开心窗，那么，所有的烦恼，所有的痛苦就会烟消云散，生命就充满阳光，生命就会灿烂辉煌。

漫漫人生路，你遇到了风雨，你会感觉到你还处在阴云密布的天际当中而无法解脱出来，你的心简直就要碎了，你开始怀疑你所见到的阳光的真实，怀疑这个世界，怀疑真善美，怀疑你眼前的一切：你的爱心，被无情地欺骗，你扶起倒地的孩子，却被他的妈妈指责你是故意的，你失望了。你仿佛置身在荒凉的地方，孤苦伶仃，泪水在心里流了很久很久，你伤心地闭上眼睛，你倒下了。在你醒来的时候，在你眼前所展现的却是一张张笑脸，一双双真挚的眼睛。

在这个时候，你终于为自己打开了一扇心灵之门，生命之窗。你仿佛站立于大海的面前，春暖花开，你又一次看到了温暖的阳光，享受到了生命的阳光。

曾经有个人没有能打开心窗而断送了自身的生命，那个人在荒凉的古堡里写着《撒哈拉的故事》，在黄沙飞舞中流着眼泪，面容依然是那么憔悴。然而《梦田》的那个女子还是一去不返，这个人就是三毛。她曾写到：“为什么流浪？为了梦中的橄榄树。”可是，她还没有等到橄榄树绿满她的世界，她就这样永远地消失了——一条长长的丝袜结束了她的生命。三毛的悲剧，在于她没有打开她的心灵之窗。她不知道死去的丈夫荷西在冥冥之中更希望她能够坚强起来，希望她能够快乐地活下去，能真正更好地享受生命所带来的阳光。

心灵箴言

关上门的心，也许能躲开世间的纷扰，但也会失去一些原来属于你的美好。打开心门，释放柔和明媚的阳光，让温暖轻轻地围绕着身边的每个人，你能体会到这个世界的善意、温馨与美好。把门打开，在阳光照进来的同时，快乐、幸福、祥和也会随之而来。

掌握快乐，把快乐钥匙放在自己手中

有一个小男孩对他的妈妈说："妈妈，我不快乐！"

小男孩只有10岁，却说自己不快乐，于是，妈妈紧张地问他："你为什么不快乐？"

男孩哀伤地说："学校同学都叫我小胖猪，他们经常这样笑我。"

妈妈听了，赶紧搂住孩子，对他说："小胖猪好可爱啊，你何必为了他们这么叫你而让自己不快乐呢，其实你换个角度想，因为你长得胖胖的，所以才让人觉得你特别可爱。一个人长什么模样并不重要，重要的是自己如何寻找快乐、掌握快乐。"

是的，快乐是掌握在自己手中的。其实在每一个人的心中，都有那么一把"快乐的钥匙"，这把钥匙，就掌握在你自己的手中，而我们却经常在不知不觉中，将它交给了别人掌握。

有一位太太说："我每天都好生气，因为先生每天晚上都应酬到三更半夜才回家。"这位太太也是将她快乐的钥匙放在了先生的手里。

很多人都有相同的毛病——把自己的快乐钥匙放在别人的手心里，因此，也让别人控制了自己的情绪，所以在面对问题时，总是会对现实状况感到无能为力，甚至还会有抱怨与愤怒，而开始责怪他人，并且产生了怨恨。

为什么要让其他的人左右了自己的心情呢？每一个人都是有思想的个体，我们可以找寻自己的快乐，不需要依附，在生活上、在工作中，都可以发现让自己心情变好的各种乐趣。

生活得快乐与否，完全决定于我们每一个人对人、事、物的看法如何。

因为，生活是由思想塑造的。如果我们脑子里都是快乐的念头，那么我们就能快乐；如果我们想的都是悲伤的事情，那么我们就会悲伤；我们想到一些可怕的情况，我们也会感到害怕；我们想到的是一些不好的念头，我们也很难会安心；如果我们想的全是失败的事情，我们就一定会失败；如果我们沉浸在埋怨里，大家都会有意躲开我们。

我们的精神状态，对身体和力量，有着令人难以置信的影响。思想能够把地狱改造成天堂，也能够把天堂改造成地狱。拿破仑和海伦·凯勒，就是最好的例证。

拿破仑拥有荣耀、权力、财富，可是他却说：“我这一生从来没有一天快乐。”

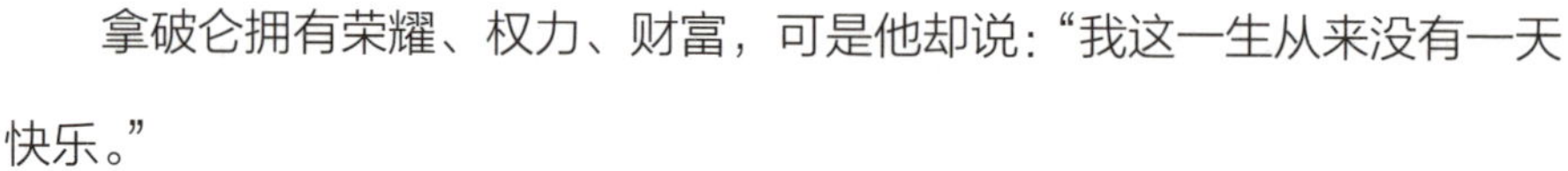

海伦·凯勒又瞎、又聋、又哑，可是她却说：“我发现生命是这样的美好！”

只要稍加留意，你就会发现，如今在大街上行走的人，大都是脚步匆匆，那种吹着口哨，东逛西看、逍遥自在的人，现在已经很难得见到了。究竟我们要怎么样，才能够把这种轻松惬意的吹口哨的心情找回来呢？要怎么样，才能够掌握快乐呢？这儿有几种具体的方法，能够帮助你保持快乐：

1. 要对你周围的世界产生真正的兴趣

在早晨起床时，听见虫鸣鸟叫，可以让人心神舒畅愉快；走在洒满阳光的小径上，也可以令人放松心灵。快乐是唾手可得的，只要你愿意打开心扉，就能够接受所有让人感觉愉快的信息。

2. 了解你生存的世界

你必须知道，你生存的这个世界，每天发生了什么事情。多看报纸、杂志，或许你会对今天的世界感到害怕，但是，它将会激励你，让你为了拥有更好的明天而努力奋斗。

3. 从容地面对每天的生活

为每一天的行程制定计划，有了计划，每天就可以从容安心地履行你的职责。你最美妙最深刻的思想，往往是在镇静的时间里流露出来的，而在你性情暴躁，动作慌张的时候，就不会有这种思想出现。有规律地处理事务，可以避免许多判断错误。如果你能养成习惯，以从容安静的态度去处理每一件事，你就能得到更多的成就，更好的成绩，并让你在工作上有惊人的进步。

4. 在忙碌的时候泰然处之

你计划做某一件工作，却忽然来了一位客人、一个电话，或者其他需要你处理的事情。这些事情，通常都能测试你有多少礼貌、有多少耐心，以及你的心理状况。你要好好去应付那些意外的阻挠，并借此作为培养你耐心的机会，如果你能把琐碎的杂事处理得井井有条，面对重大决策时，也就能更加从容地应付。

5. 静坐沉思，让心灵喘口气

你需要安静和深思，以此来让自己沉淀。一个有秩序的人，应该有安静镇定的间隙时间，以使自己的精神和心灵得到提升与发展。在喧闹、匆忙、混乱中，找个时间坐下来静坐沉思，可以让紧张的精神放松，这不但能够减少压力，更可以让身体恢复平衡状态。

6. 凡事适度，保持中庸

工作、观察、读书、谈话、运动、玩耍、研究和旅游，都是很好的事情，但是都不要过度。你要取一条中庸之道，这种折中的办法，最容易获得优良的结果。过分的工作，长期的读书研究，容易使人精神疲倦。过分注重一件事情，也会减低你的工作效率。如果你持续注意一件事情，那么你的精神和身体的力量，就会呆滞和软弱。人人都需要适度、均衡的发展，以免小事及不必要的事情耗费你的精力；对于你所做的每一件事情，不论是工作还是娱乐，都要发生兴趣，但要避免做得过分。

7. 适当宣泄感情

假如你为某件事情生气，把它倾吐出来，把“气”放出来；假如你悲伤，难过得想哭，那就哭出来吧。当你的感情深深地为某件事情触动，你就把它尽情表现出来，而不要一味抑制自己。

8. 用兴趣来调剂生活

专心的力量有重大的价值。但是，你必须注意，切不可单独专心于一种事业。在日常工作之外，若无其他兴趣，你的精神和人生将变得狭隘，就好像陷入了一个不易退出的车辙之中。说起来虽然有些奇怪，但凡有很多时间去研究各种事情的，不是懒人，而是忙人。偶然变更正常的工作，可能会使你的精神更加振作。忧虑、发愁、疲劳和失望的最好补救方法，简单地说，就是暂时变更或者调剂一下你从事的工作。

9. 爱自己，也爱别人

人人类与动物最大的不同，是我们能够表达感情，懂得追求有爱的人生。所以，一个人应该经常去追求、扩大爱的领域，提高自己爱人的能力。爱是一种能够“自我增值”的东西，一个人付出越多，就会有越多的爱进入他的生命。只要你爱，生命之花将永远盛开，在你的内心深处，会创造出更多的温馨和幸福。

10. 用积极的心态对待人生

快乐与苦恼，都发自内心。一旦能够把快乐深植在心中，外事外物就影响不了它，这种快乐是永存不灭的。身外的一切，都不过是短暂的，只有你心中建造的快乐才是永恒的。快乐是一种选择，我们一再选择快乐，快乐就逐渐成为我们心灵的一部分，而最后我们就是快乐的人了。快乐的人所到之处，散播快乐的种子，消解冲突，缓和紧张。快乐的人与人相处，会让对方自然而然地放宽心胸，展现真实的自我，因为对方感受不到威胁的阴影。只要你具有积极的思想，训练自己用愉快的态度生活，你期望什么，你就会找到什么；你寻找什么，你就会发现什么；这是人生的基本法则。

心灵箴言

快乐源自心灵，不可以从外界借来，也不可以有丝毫的勉强。女人的快乐，要从内心去寻找、去挖掘。只要你愿意，你可以随时操纵心灵的遥控器，把它调整到快乐的频道。

用心感受，快乐其实无处不在

我们每一个人都是自己人生中的主角，所以，你必须要把自己的快乐当成最基本的责任，如同戴尔·卡内基所说："快乐并不在乎你是谁或者你拥有一些什么，它只在乎你想的是什么。"

如果有人问你："你如何才能够得到快乐呢？"

"你是希望有钱、有地位，或者希望得到一栋豪华的住宅？还是希望有人爱你、关心你、喜欢你，而你究竟要如何才能使你自己快乐呢？"

事实上，你不需要具备特定的条件就能够得到快乐，因为真正快乐的人，不需要任何原因就能感到欢喜，他们本来就是快乐的。

"如果这些好事情能够发生，我就幸福了。"

"如果我能通过考试，我就好过了。"

"如果他能对我好一点，我就会十分开心了。"

类似上述这些话，我们可能都曾经说过，甚至我们还会一厢情愿地认为：只有当某些事情发生以后，才能拥有快乐与幸福，但是，天下事很难如人所愿，所以不管我们是否有钱、是否有人关爱，我们仍然时常会觉得自己无法享受到快乐。

亲爱的朋友，让我们一起来想一想，在一群观看日出的游客当中，你认为谁是不快乐的人呢？是那个感觉有太阳存在就是一种美好的人，还是那个一心只期望看到灿烂日出的人呢？答案十分明显，当人们心中认定一定要怎么样才能够开心时，快乐对于我们就会变成遥不可及的事情。

"你快乐吗？我很快乐。快乐其实也没有什么道理……"，这一首名为《快乐颂》的流行歌曲，之所以会流传不绝，就在于歌词中很明白地说出了一个人的快乐不假外求，更不需要有任何理由。虽然每一个人都希望拥有愉悦的人生，但是，我们总是会看到有一些人整天愁眉苦脸，不是哀叹自己的不幸处境，就是羡慕其他人的快乐生活，其实他们的处境真的有这么不堪和不幸吗？

事实上，某些时候你觉得不幸的事情，完全是因为你的眼睛只注意到不好的一面，而忽略了事情美好的地方。如果你能够尝试着转换角度或者方向看待事物，那么很有可能，事情就会有另一种崭新的风貌出现。

你是否经常对生活中的人、事、物感到无趣？但是你怎么解决这些问题呢？人们经常抱怨生活没有意思，但是除了抱怨，他们却什么也没有做。

所以，在每天的生活中，就要看你如何把无聊的感觉转变成有趣的感觉。如果你厌倦了每天坐在电视机前的时光，那么就关掉电视，拿起书本阅读或者外出散步。如果你厌倦了你的工作，那么就休息一会儿，浏览一下报纸上的分类广告，或者寻找更加有趣的工作，或者求助于职业生涯规划顾问，为你自己做出更好更准确的定位。如果你厌倦了与另一半的亲密关系，那么你就做一些异于平常的事情——或者预约周末度假旅游，或者筹划一个惊喜的聚会。如果你只是厌倦了一成不变，那么你可以重新培养自己在艺术方面的兴趣，例如租一部古典影片、参观一个博物馆、报名参加一个绘画班，或者重读自己从前最喜欢的书。与其无聊得要死，不如让生活变得更加有趣。

仔细观察一下，在你的所有朋友中，谁看起来是最快乐？你会发现：最快乐的人，就是那个随时随地都能够挖掘出生活乐趣，并且懂得享受生活微妙之处的人。也许他只是因为早晨的一杯热咖啡、一件干净的衬衫、一床暖和的棉被，就能够体会到快乐的感觉，然而，在实际的生活中，有许多的人却对此视而不见！

在生活中，有太多的人都极力想捕捉住快乐，但是却又不相信它唾手可得。这就好比我们忽视了自己脚边的鲜花，而拼命想去打造一个人造花园一样，其实我们只要停下追逐的脚步好好想一想，我们体验到的快乐，不就是由身边许多小小的满足累积而成的吗？

当你聆听音乐或是观赏舞蹈表演时，你不妨将自己想象成舞台上的演奏者、歌手和舞者，而经过你设身处地去感受时，你就可以从旁观者的心理状态，转化成参与者的心理状态。如此一来，你便能经常沉浸并体会外界的美好，也就更能够发现生活中的快乐其实是无所不在的。

此外，当你阅读报纸、观看电视、聆听他人说话时，你也可以集中注意力，随之展开想象的旅程。比方说，当你听人介绍美国纽约的风光时，你就可以设想自己正跟对方走在纽约的街道上；当电视节目介绍非洲大陆时，你也可以想象你要如何穿越沙漠。其实此种方法就是在培养我们对于外界之美的观察力与感受力，进而体会到，原来快乐在生活中真的是俯仰皆是啊！

每个人随着一天天的茁壮成长，难免会因为生活中的日常琐事感到烦扰不断，所以有人说："人越是成熟，就越会感到忧郁。"童年时期的开心时光，常常让人回味无穷，虽然我们不可能回到小的时候，但是我们可以经常回想起生活的趣事，或者定期与儿时的玩伴们聚会，要是有机会的话，我们还能造访童年时期的嬉戏场所，重温当年童真的快乐，让自己好好地"返老还童"一番。

我们唯有懂得享受事物之中的美感与动人之处，了解完整的快乐就是从对平常生活的点点滴滴满足累积而成的，我们才能时时保持愉快的心情，甚至将快乐分享给身边的每一个人。

心灵箴言

人生的美妙、快乐、欢喜之处，就在我们视线所触及的每一件小事情当中。当我们面对一件事情时，只要能够持一种欣赏的眼光，努力挖掘它内在隐含的乐趣，就算是再繁乱的活动，我们也将会感受到生活的愉悦和快乐。

【第五章】

笑对纷扰，做内心强大的女人

真正强大的女人，她们温和从容
淡定如菊，笑靥如花
因为内心的强大，才是真的强大
她们用一抹微笑从容地回应生活的磨难
人生浮沉是一种历练
岁月沧桑是一种积累
悲过了，才知道喜的可贵
哭过了，才知道笑的芬芳

面对荆棘，你当温柔且有力量

人生山一程水一程，高低起伏，沟沟坎坎。从一个稚嫩的女孩成长为一个淡定自如的女人，少不了风雨的洗礼，荆棘的刺伤，迷雾的阻挡。这个过程中，注定要有眼泪和悲伤跟随，没有人可以代替你去承受，哪怕是至亲至爱，也只能默默关爱与搀扶。化茧成蝶的痛，你只能从一个肩膀挪到另一个肩膀。那些淡然如水的女人，不是没有忧伤，而是学会了坚强；不是没有跌倒过，而是学会了疗伤。每一场经历都是生活的积累，每一次坎坷都是生命的历练。

让心灵勇敢一点，在面对困境的时候，你当温柔且有力量，用一份淡然的姿态，对生命里所有的荆棘说一声谢谢！

舞台上的哈姆雷特宣读着："女人啊，你的名字是弱者。"从此，这番话就成为了定义女人的经典符号。许多女子也深信，自己就是弱者，身躯柔弱，需要被呵护，被宠爱，被保护，被圈养。可是，在这你追我赶、变幻无常的世界里，太多的艰难、不幸，依然要女人去承担，你若不勇敢，拿什么来为自己挡风遮雨？

相比之下，更喜欢西蒙·波伏娃说的："女人不是生而为女人，而是变成女人的。"风雨来袭时，女人要像男人一样奔跑，带领自己穿越厄运的海洋。生活中有些时候，女人如果自己不勇敢，没人会替你坚强，该坚强的时候，纵使咬紧牙关，也要挺过去。

沈永红在网上认识了一个叫做"花儿朵朵"的女子，她每天都在晒自己的幸福生活照。沈永红对花儿朵朵说："真羡慕你，一直这么快乐。"

花儿朵朵说：“鲜花到处绽放的世界，怎么会有悲伤呢？”

很多时候，沈永红是个很理智的人，可面对丈夫的各种毛病，她忍无可忍。一天一小吵，两天一大吵的生活，让她彻底厌倦了，可丈夫又坚决不同意离婚。无休止的折磨，在两个人之间肆虐着，让她的心苦不堪言。沈永红看到自己草拟的那份离婚协议书，痛苦地对着电脑屏幕，感伤不已。也许，是因为自己感受不到幸福，她便开始怀疑别人的幸福。她觉得，花儿朵朵是在伪装，越是笑得开心，反射出的悲伤越大。

沈永红向花儿朵朵诉苦，花儿朵朵只是笑而不语。沈永红喋喋不休地讲起自己从恋爱到结婚的经历，从沉浸在幸福中到现在的无路可退，她感叹世事变迁，人心难测；更感叹自己无法相信如今这副颓废的面容，竟然是当年充满活力的自己。过去的风光无限，美丽动人，如今都已成了过往，永不复返。

沈永红继续说，自己快撑不下去了，对丈夫又爱又恨，生活的重担太沉，她无法承受，觉得好失望……她其实不知道，世界上可怜和不幸的人绝非她一个，而她也绝不是最不幸的那一个。

花儿朵朵给沈永红发来一个链接，那是她的微博。沈永红这才知道，花儿朵朵并非她想的那样。在一场车祸中，25 岁的花儿朵朵丧失了听力，说话也受到阻碍。那时候她一穷二白，没钱治病，做过洗碗工，发过传单，还替人背过很重的行李箱，以此换取微薄的生活费。后来，经别人介绍，她开始给一个有钱家庭做园丁，三年后自己开了花店。每天在花丛里快乐起舞的花儿朵朵，就是这样走过来的。现实里她是个不被命运看好的弃儿，可她的快乐不是伪装的，她是真的热爱生命，热爱生活。

她在微博里发过一句动人的话："幸福是用来感受的，伤痛是用来成长的。让心在繁华过后依然温润如初，带上最美的笑容且行且珍惜。在那些难以前进的艰苦岁月里，为自己期盼的那一份幸福悄悄努力着，付出着，满怀希望地静静向未来走去。"

沈永红突然觉得，自己的痛苦和不幸，与花儿朵朵的人生相比，更像是一场闹剧。她撕掉了桌上的那份离婚协议书，叹了一口气，然后微微一笑，对着屏幕打上一串字：

谢谢你，陌生的朋友！今天，是你让我懂得，生活是一种姿态。

人生无常，难免有时遭遇顺境，有时遭遇逆境，可谓悲喜交织，苦乐参半。品味艰辛，方知甘甜不易；经受苦难，才懂人生美丽。女人不该站在烦恼里仰望幸福，而是要努力试着去做一个幸福的女人，面朝大海，春暖花开。

古语有云：人生在世，如身处荆棘之中。心不动，人不妄动，不动则不伤。如心动，则人妄动，伤其身，痛其骨，于是体会到世间诸般痛苦。女人若要获得幸福，首先要感知幸福，不让悲伤和消极的情绪影响自己，打败自己。笑容里的阳光，能照亮内心的阴暗。岁月会斑驳了容颜，却不能将灵魂毁灭；岁月能改变心境，却无法剥夺女人追求幸福的权利。一旦学会了微笑，我们就会发现，生活变得轻松了，一切都变得甜蜜了。

数年前，在一家大型商场里，一个口袋寒酸的母亲带着 4 岁的女儿到处闲逛。她们走到一家快照摄影机旁，小女孩拉着母亲的手说："妈妈，我也想照一张相。"母亲弯下腰，拢了拢女儿额前的头发，温柔地说：

"等给你买了新衣服再照相好吗？你的衣服太旧了。"小女孩紧闭着双唇，沉默了一会儿，而后用天真无邪的眼睛看着母亲，说道："没关系的，妈妈，我会微笑的。"

听到女儿的话，母亲心里突然涌起了一股力量。多少年了，她为自己的穿着打扮自卑过，为自己窘迫的生活懊恼过，今天女儿的一句"我会微笑的"，深深地触动了她的心。她昂起头，和女儿一起朝着摄影师走去。那张照片，后来一直放在她的钱夹里。

多年后，她的生活已经变了一番模样，女儿也已经长大。可是，那张照片还在。对她而言，那不仅仅是一张普通的相片，而且还是一种穿得再破旧、过得再艰辛、纵然一无所有，却可以坦然从容地面带微笑，用热情和爱拥抱生活的姿态。

对于女人而言，漫漫长路，是优雅从容地生活下去，还是被压抑控制情绪，从而远离幸福，全在一念之间。所以，举步维艰的时候，请给自己一个微笑，让阴暗的心情晒晒太阳；遭受委屈的时候，请给自己一个微笑，让豁达和宽容冲走所有的阴郁，带着自己走向远方，走向未来。微笑是一种勇敢，是女人最美的表情，也是生活中最美的一种姿态。

心灵箴言

女人应当从容坦荡，心中有爱和阳光，更要有一颗坚强的心去迎接风雨，不能在困苦中失了自己的美丽和姿态。要知道，世上有一种美叫做"风霜洗过铅华，芳香永驻"。身为女人，若能用一颗平常心去对待身边发生的任何事情，不刻意苛求，能笑看云卷云舒，静观花开花落，宠辱不惊，去留随意，不计较得失，不失去信心，不失去乐趣，热爱生命，就一定会看到“柳暗花明又一村”。

破茧成蝶，在逆境中柔韧绽放

在普遍的印象中，女性面对挫折时总是爱流眼泪，而男人有泪却从不轻弹。男人的坚强与女人的柔弱似乎是天生的。事实真的是这样吗？综观人生百态，我们发现，在面对困难时，女人通常更能表现出超乎寻常的坚韧！

的确，男人比女人镇定。当山崩于前、雷震于顶的时候，男人可能面不改色，而女人早已喊出了声。所以人们就有了一种错觉：男人似乎比女人坚强。男人的坚强如铁，是一种刚性的坚强，而铁是会生锈的，岁月的磨难会让这块铁锈蚀得面目全非，以至于小小的压力就会让他折服。女人的坚强似水，是一种柔性的坚强，耐挤耐压，能伸能屈，可高可低，可进可退。激扬可以劈山开路，摧枯拉朽；滋润可以垒石成山，化育万物。滴水穿石，水的坚强是内在的，但更有长性，更可依赖。君不见，多少个濒临破碎的家庭不是就靠一个坚强的女人勉力支撑吗？男人的坚强似乎是社会性的，而女人的坚强似乎与生俱来。男人在经历磨难之后或许能变得坚强，而女人在磨难中就能显现坚韧的内力。

女人不是软弱的，而是柔韧的！她们也许不会掩饰自己面对伤痛的情绪，但是当她们流过眼泪，开始踏上新的征程的时候，结束的是懦弱，开始的却是罕有的坚强。

女人的坚强也许不会像男人那样有英雄气概、惊天动地，但是在巨大的人生灾难面前，她们往往比男人更加坚强和出色。经历过风雨的女人，坚强可以使她们更从容地面对生活。像美丽的蝴蝶破茧而出，战胜了生命中的痛苦之后，绽放出令世界倾倒的光芒。

被誉为“美国报业第一夫人”的凯瑟琳·格雷厄姆虽出身豪门，家境殷实，丈夫菲利普·格雷厄姆接手凯瑟琳的家族产业《华盛顿邮报》后，凯瑟琳只是相夫教子，过着全职家庭主妇的生活。也许，生活一直这样下去的话，她可能会平凡到老。但这一切都随丈夫的自杀随之东去，当时的凯瑟琳已经 46 岁。

丈夫的离去让她还没来得及释放完悲伤，《华盛顿邮报》的领导工作就已经降临在了她的头上，她不得不主持大局。此时，所有的人几乎都不看好这个毫无业务经验的家庭主妇。可是苦难却激发了凯瑟琳的潜能，她开始变得坚强刚毅起来，坚定执著地将摆在她面前的难题一个一个地解决，同时在她卓越的管理之下，报社逐渐步入正轨，渐入佳境。而后来她主持报道的“水门事件”，更使得《华盛顿邮报》一鸣惊人，并直接导致了尼克松总统的下台。而在困境中依然坚强的凯瑟琳·格雷厄姆最终也因“报”而荣，因“报”而富，被称为“新闻界最有权势的女人”，她也是当时被公认的魅力女人。

“休言女子非英物，夜夜龙泉壁上鸣。”女人也是人，不是天生的弱者，为什么要依附男人而生活呢？况且，面对越来越大的生活压力，很多男人都觉得：女性过分向自己“示弱”，只能让自己产生压力。女人若适度显示自己的能力，才能使自己对未来产生安全感。所以，女人应该适当的强大，不去学那些为赋诗词强说愁的小女人们整天无所事事，消磨自己的青春，从而错过身边的许多风景。鼓起勇气展望未来，不必做个女强人，但至少可以做个坚强的女人。

地产才子袁某的妻子小丽，知道她的人并不多，但是，袁某能够取得今天的成就，她绝对是功不可没的。

在国外工作多年的小丽，初进公司的时候可以说是困难重重，面对都没有上过名牌大学，也都没有和外国人打过交道，或在国外工作生活过的事业合作者，小丽开始的工作简直是无法进行。这些清一色的男人帮，都是在房地产界摸爬滚打了好几年的中国第一代房地产商。他们根本就没把她这个从未盖过房子、不懂什么是建筑、刚刚回国不了解中国行情的女人看在眼里。但是，小丽却靠着一股勇做强者的气势，坚持了下来。

的确，面对高达上亿的资金，不是让谁拿着去玩的，她凭什么让别人甘心冒险的按她的提案去做？

每天上班，她就像是上战场。她要说服所有人相信她，因此就有了很多的冲突和争吵，她也曾产生过放弃的念头，但不轻易认输的个性又让她坚持了下来。在冷静下来之后，她仔细的理清冲突的根由，然后不断修正。小丽就是这样在一步步的磨合之中坚持着。

很多人都不明白小丽有这样一个幸福美满的家庭，为什么不在家里安心地做自己的全职太太，还要那么辛苦的拼死拼活？

面对这样的疑问，小丽说："我回国的初衷就是要做一番事业，就是要实现这个想法，如果因为工作之中有困难，就放弃自己当时的选择，放弃自己追求的初衷；那我认为自己放弃了努力，就失败了，等同于当初的选择就是一个失败。这不是我的性格，我不会这么做。"

后来，小丽用她的行动证明了她是对的，当购买房子的人连夜排队交定金的时候，这个执拗的女人终于向别人，也向自己证明了自己，她也在公司奠定了自己不可取代的位置。

别人问她的时候，她总是眼神坚定地说："如果你相信你是有实力的，就不能示弱。你就要证明给别人看！"

是的，证明给别人看，更要证明给自己看。女人不是弱者，这句话是需要用行动去证明的。只有证明了自己，才能得到别人的肯定。小丽的经历和成功告诉女人：你可以用自己的智慧和汗水撑起半边天，成为社会发展不可或缺的推动者。

明菲是一所师范大学的学生，她来自一个贫困的农村家庭，和所有的贫困生一样，她从接到录取通知书的第一天起，就开始为如何筹集学费、生活费而发愁，但是艰难的求学之路，并没有挡住她前进的脚步。

她带着没有凑齐的费用上路了，到学校的时候，她申请了一笔助学贷款，但是为数不多的贷款仅仅让她不再为学费发愁而已，生活费等还是一笔很大的开支。因此，她决定去打工来维持自己的开支。她先后在校外找了几份兼职工作，可是因为她刚刚步入社会，没有什么经验，不是被黑中介骗了钱，就是被公司克扣工资。

最后，她不仅没有赚到钱，还白搭进去了一些钱。但是她还是没有放弃，听师哥师姐们说做家教可以赚钱，于是她便到附近的学校门口，推销自己。苦心人，天不负。她终于找到了她的第一份工作——周末给一个六年级的女孩辅导功课。

系里听说了她的情况后，便给她提供了一个勤工俭学的机会——让她承包打扫教室。每天五点，明菲就从床上爬起来，拎着扫帚和拖把去教室干活了。

而在打扫教室的过程中，明菲发现同学总是把很多饮料瓶、废纸放在桌厢里，要知道这在老家可以卖很多钱的。于是，她把它们都收集起来，准备卖给废品站。

坚强的明菲，为了省下一元钱，回家时，她总是从学校走到火车站，返校时，同样是步行回到学校。

而她的生活费用低得也是不能再低了，每个月仅仅60元。看到同学们用现代化的电脑轻松地搜集资料的时候，她只能用最为原始的抄写方法整理自己的资料，在大学四年间，她在书店和图书馆摘抄的文字达到百万。

经济的贫困并没有压倒这个坚强的女孩，这个物欲横流的社会，丝毫没有对这个坚强的女孩产生影响。

在学校里，明菲从不因为自己穷，就觉得比别人矮一等。她时刻用简爱的话："我们站在上帝的面前是平等的"来鼓励自己。她收废品的工作也从来不会背着别人进行，而是用快乐的笑容面对所有的同学。她身边的同学都觉得明菲非常坚强，都不由得对这个坚强的女孩生出一分敬意来。

人人都向往蝴蝶在天空翩翩起舞，可是又有几个人知道破茧时那生死之间的痛苦？而明菲却是用坚强掩盖了这份痛苦，为自己插上了一对远行的翅膀。

心灵箴言

女人的人生如海，潮起潮落，既有春风得意、马鸣萧萧、高潮迭起的快乐，又有万念俱灰、惆怅漠然的凄苦。如果把女人的人生旅途描绘成图，那一定是高低起伏的曲线，而保持着微笑的表情，在面对困境的时候依然执著地向前，就是一个敢于挑战人生的魅力女人。

世间所有的美好，都是因为坚持

一位全国著名的推销大师，即将告别他的推销生涯，应行业协会和社会各界的邀请，他将在该城最大的体育馆，做告别职业生涯的演说。

那天，会场座无虚席，人们在热切地、焦急地等待着那位当代最伟大的推销员作精彩的演讲，当大幕徐徐拉开，舞台的正中央吊着一个巨大的铁球。为了这个铁球，台上搭起了高大的铁架。

一位老者在人们热烈的掌声中，走了出来，站在铁架的一边。他穿着一件红色的运动服，脚下是一双白色胶鞋。人们惊奇地望着他，不知道他要做出什么举动。

这时两位工作人员，抬着一个大铁锤，放在老者的面前。主持人这时对观众讲：请两位身体强壮的人，到台上来。好多年轻人站起来，转眼间已有两名动作快的跑到台上。

老人这时开口和他们讲规则，请他们用这个大铁锤，去敲打那个吊着的铁球，直到使它荡起来。

一个年轻人抢着拿起铁锤，拉开架势，抡起大锤，全力向那吊着的铁球砸去，一声震耳的响声，那吊球动也没动。他就用大铁锤接二连三地砸向吊球，很快，他就累得气喘吁吁了。

另一个人也不示弱，接过大铁锤把吊球打得丁当响，可是铁球仍旧一动不动。台下逐渐没了呐喊声，观众好像认定那是没用的，就等着老人做出什么解释。

会场恢复了平静，老人从上衣口袋里掏出一个小锤，然后认真地面对着那个巨大的铁球，接着，他用小锤对着铁球“咚”敲了一下，然后停顿一下，再一次用小锤“咚”敲了一下。人们奇怪地看着，老人就那样“咚”敲一下，然后停顿一下，就这样持续地做。

十分钟过去了，二十分钟过去了，会场上的人早已开始骚动，有的人干脆叫骂起来，人们用各种声音和动作发泄着不满。老人仍然用小锤不停地工作着，他好像根本没有听见人们在喊叫什么。开始有人愤然离去，会场上出现了许多的空缺的位子。留下来的人好像也喊累了，会场渐渐地安静下来。

大概在老人进行到四十分钟的时候，坐在前面的一个妇女突然尖叫一声：“球动了！”刹那间会场立即鸦雀无声，人们聚精会神地看着那个铁球。那球以很小的幅度动了起来，不仔细看很难察觉。老人仍旧一小锤一小锤地敲着，人们好像都听到了那小锤敲打吊球的声音。吊球在老人一锤一锤的敲打中越荡越高，它拉动着那个铁架子“哐、哐”作响，它的巨大威力强烈地震撼着在场的每一个人。终于场上爆发出一阵阵热烈的掌声，在掌声中，老人转过身来，慢慢地把小锤揣进兜里。

老人开口讲话了，他只说了一句话：成功就是简单的事情重复做。

在成功的道路上，你没有耐心去等待成功的到来，那么，你只好用一生的耐心去面对失败。

我们在走路的时候，总是习惯往前看，看着远方的人。然后我们羡慕，怎么那里的风景那么美，怎么那个角度看风景能有那样子的效果。怎么那个地方的风筝能飞得那么高，所以我们就一直去追逐，放下了我们的现在，去追。

只是等我们走了一段路会发现，要达到那里，需要很多的辛苦，需要很多的耐心，需要很多的坚持。

其实在这个社会上，坚持不是因为几十年一直重复做一件事，而是在做一件事的时候，碰到困难了，我们依然是很努力的往前走。每遇到一个困难，我们就要把那个困难，变成提升我们的一个平台。也是这样子的坚持，坚持着坚持着，我们的成长才会越来越多，收获才会越来越多。

一个女孩子，毕业之后，去做销售经理的助理。对于她来说，虽然工资不高，但是刚开始，觉得一切都是那么的美好。很多事情不需要她做，而且自己不需要想怎么做，经理都会交代的。

但是不久，那个经理身体不舒服，然后就住院了。而那个时候所有事情都压在了她的身上。刚开始手忙脚乱，很多的事情都整理不好。她向老板抱怨，老板却说，这就是你的工作，要么坚持做下去，要么辞职走人。

她也想逃离，想着辞职。她就跟她家人说了这一想法，她家人说，要不再坚持一下，万一，自己能做好呢。即使到最后，还是没做好，那么再辞职也不晚。

所以，她每天晚上回去，就想着，什么样的事情要怎么样处理。一件一件的列出来。当然，有些是需要她很长时间的努力的。比如出去见大客户，比如化妆，比如做 PPT。

为了能帮公司做到最好，她参加了很多的培训，比如化妆的，比如推广的，比如销售的，比如 PPT 的。

当然，她的生活也开始慢慢的美好起来，半年之后，她已经是销售经理了。所以，很多时候，人生就是这样子，一坚持，所有的美好都来了。

又过了一年，她已经当了一个董事长的秘书。因为她之前什么都学习了，什么都学会了。

这个女孩的成功就是因为坚持，所有的困难，在她那里，都成了提升她的平台。

她说，每次快要放弃的时候，我都告诉自己，再试一下，再坚持一下，看下我自己，到底能走多远。为什么坚持，她真的把坚持的意义发挥到了最大。是为了看能走多远。

在以前小时候，经常看到很多的运动员，他们都坚持的跑完全程。

其实，在人生的路上，很多的时候，我们真的跑到了一半，甚至一点点，就不跑了。

掌声与荣誉，在运动场上，是属于冠军，但是更是属于每个坚持的人。因为只有坚持了，我们也才有你追我赶的机会。要是没有走进那个跑道，没有坚持，也就无所谓美好了。

当我们有时候看着窗外，当我们常常看着远方。那些在很努力往前走的人，那些在一直往上成长的花草树木，我们是不是也在想着自己，人生要有积累，坚持才能美好。

很久以前，为了开辟新的街道，伦敦拆除了许多陈旧的楼房。然而新路却久久未能开工，旧楼房的废墟任凭日晒雨淋。

有一天，一群自然科学家来到这里，他们发现，在这一片多年未见天日的旧地基上，这些日子里因为接触了春天的阳光雨露，竟长出了一片野花野草。

奇怪的是，其中有一些花草却是在英国从来没有见过的，它们通常只生长在地中海沿岸国家。这些被拆除的楼房，大多都是在古罗马人沿着泰晤士河进攻英国的时候建造的。

这些花草的种子多半就是那个时候被带到了这里，它们被压在沉重

的石头砖瓦之下，一年又一年，几乎已经完全丧失了生存的机会。但令人感到意外的是，一旦它们见到阳光，就立刻恢复了勃勃生机，破土发芽，绽开了一朵朵美丽的鲜花。

其实，人的生命也是如此。一个人，不管他经受了多少打击，也不管他经历了多少苦难，只要他有耐心，有毅力，一旦爱的阳光照耀在他的身上，他便能治愈创伤，便能获得希望，便能重新萌生出新的生机，哪怕是在荒凉恶劣的环境里，也依然能够放射出自己的光和热。

世间所有的美好，都是因为坚持。

心灵箴言

谁的人生不是荆棘前行，你跌倒的时候，懊恼的时候，品尝眼泪的时候，都请你不要轻言放弃，因为从来没有一种坚持会被辜负。请你相信，你的坚持，终将美好。能够让你最终实现梦想的，是你长久的努力，还有不服输的决心。

自我激励，多给自己一点掌声

掌声，不但是一种鼓励，更是一种不可或缺的力量。但不一定要别人给，自己给自己鼓掌、安慰，你会更有力、更自信。多给自己一点掌声，其实就是多给自己一点鼓励。

心态好的女人摔倒了会对自己说：“没什么！赶快站起来”，然后迅速地爬起来，拍拍身上的土，继续前面的路；取得成就时，她们会说：“这不算什么，我需要继续努力！”遇到挫折时，她们会对自己说：“最坏的情况就是这样了，否极泰来，我很快就会好转了！”无论顺境得意时，还是逆境碰壁时，这样的女人都会多给自己一点掌声，鼓励自己大步向前。

俗话说：“水不激不跃，人不激不奋”。人需要有激励才会更多地激发出自身的能量，得到赞扬的人往往会更加努力，会更好地把自己展现出来。很多表演者、歌者、艺术家、运动员、球员，都是活在掌声中。群众的掌声，不但激励了他们、肯定了他们，同时也给予了他们最高的满足。在热烈的掌声中，一切的努力、苦练、汗水，都化为乌有，得到认可。在热烈的掌声中，那一份心灵上的快慰与满足，绝对让人迷醉。而且它还可能转化成另一种新动力，催促着你继续向前，更上一层楼。工作中，我们也都有这样的感受：当受到上司的赞美和表扬时，我们会感到很开心，精神上倍感鼓舞，从而在工作中更有激情，会用心去把工作做得更好。鼓励对于一个人来说，就像燃料对于引擎那么重要。

然而，得不到别人的掌声时，你也千万别失望。与其等待他人施舍一点掌声，还不如慷慨地来个自我鼓掌；与其埋怨世道的不公，还不如让自身发光。说白了，就是要多给自己一点掌声，就是要给自己增强自信心，这激励效果不言而喻。

有一位自称“菲姊”的女主持人很受观众的喜欢。其主持风格十分特别，她给观众最深刻的印象是：自得其乐。在节目中，她总是一边煮菜，一边摇动着曼妙的身体，口中自言自语地念叨着：“你看，很简单哦！好厉害喔！这么快就煮好一道菜。真香耶，好好吃喔！”

这位女主持人很少访问别人，在大家的印象中好像也不曾找任何有名的厨师到节目中来教人做菜，而是一个人从头撑到底，却把半个钟头的节目做得有声有色、唱作俱佳。从镜头上看来，她做的菜，还是色香味俱全呢！

孤军奋战是这女主持人主持节目的特色之一，但更精彩的是她一手营造的气氛，小小的单人厨房，充满幸福的喜悦。她是怎么做到呢？那就是自我激励。她口中反复念叨的“你看，很简单哦！好厉害喔！这么快就煮好一道菜。真香耶，好好吃喔！”就像魔咒一般，激发了自己努力向上的潜能，同时也感染了电视机前的每一位观众。

为自己鼓掌喝彩，就是尊重自己的价值，让自己在无情的竞争中获得一份温情。也许你是一只燃烧失败、一经出世就遭冷落的瓷器，没有凝脂般的釉色，没有精致的花纹，无法被人藏于香阁。可是，当你摒弃杂质，由一个泥坯变成一件瓷器的时候，你的生命就已经在烈火中变得灼人而又亮丽，你就应该为此感到欣慰！

生活中，或工作中，我们都应多给自己一点掌声。能够自我鼓励的人，随时都可以帮助自己加油打气。就算是处于生命的谷底，也能培养积极向上的勇气。

生活和工作中，谁都会遇到坎坷、曲折、磨难、痛苦、彷徨，这些都不可怕，可怕的是你永远否定自己，自己打倒自己，自己摧毁自己！你应该坚信，命运的钥匙永远掌握在自己手中，而如何灵活地使用这把钥匙开启成功的大门，除了执著的追求外，自我鼓励至关重要。当我们摔倒时，我们应该立即爬起来，弹掉身上的尘土，为自己鼓劲，为自己喊一声："加油！"当我们获得一次微笑的成功时，我们应该敢于骄傲地为自己鼓掌。每当困难来临时，我们应该自己给自己打气，用信念滋养勇气；当失败来临时，我们应该自己给自己鼓劲，吸取教训寻找新的挑战；而当机会来临时，我们应该为自己壮胆，用拼搏写下新的业绩。

心灵箴言

多给自己一点掌声吧！也许你只是一朵残缺的花，也许你只是一片熬过旱季的叶子，也许你只是一张简单的纸，也许你只是一块无奇的布，也许你只是时间长河中一个匆匆而逝的过客，不会吸引别人半点的目光和惊叹，但只要你有一双手，你就能为自己鼓掌！

心存希望，黑夜终会过去

英国诗人斯特朗写过一首优美的小诗：

别难受，当厄运对你拉长了脸，凭眼前的一切并不能得出结论啊！假如你愿意等待，怀抱着信念，你将得到应有的回答，给生活以时间，放出你看不见的命运之线。一切努力都为了追求那事物内在美的实现，千万别丢了理想，丢了信念。要坚信，一切都是为了更美好的未来。别催促上帝的安排，给生活以时间，去把理想实现。

在这个充满变数的时代里，或许它值得每个女人收藏在心灵深处，不时地提醒自己，营造美丽的心态，活出美丽的自己，在风雨降临的时候，静静地为自己撑一把伞，等待着风雨过后那道夺目的彩虹。

英国女孩艾米丽曾经营了一家婚纱店。满腹才华的她，不仅能设计出漂亮的婚纱款式，对色彩的搭配也很独到，加之她有一位做高官的父亲，当地的不少达官显贵都会找她来设计制作婚纱礼服。虽未做过广告宣传，但络绎不绝的顾客让她的店有了一定的知名度和良好的口碑。

艾米丽 30 岁时，事业就已经如日中天，这让她颇为自豪。可谁也没想到，一场无情的大火彻底改变了她的生活——工厂被烧毁，父亲也在大火中不幸身亡。失去了赖以生存的工厂，没有了令她骄傲的坚实靠山，与挚爱的父亲从此阴阳相隔，艾米丽悲痛欲绝。尽管消防员们尽力从火灾现场救出了一批纱料，但基本上都有不同程度的损毁，无法再利用。

这场灾难来得太突然，让艾米丽毫无防备，措手不及。痛定思痛，她实在不甘心自己倾注的心血就这样付诸东流。她决心，要尽一切力量修复工厂，只是此时，根本没有亲戚朋友愿意借钱给她，银行对她的贷款要求也一再拒绝。

几乎所有能够尝试的办法，艾米丽都试过了，却始终找不到一条出路。艾米丽痛苦得难以名状，甚至想到了轻生。此时，一向温和优雅的母亲劝导她："孩子，大火烧毁了工厂，带走了你的父亲，这并不可怕，可怕的是它烧毁了你的信念，这比烧毁什么都令人惋惜。"

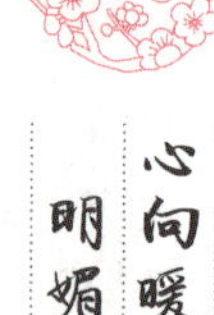

这番话让情绪失控的艾米丽暂时冷静了下来。她觉得，母亲的话很有道理，人若没有了信念的支撑，比失去物质更可怕。她收拾好心情，准备再想办法修复工厂，而她唯一还拥有的资本，就是那批有着不同程度破损的纱料。

为了寻找走出困境的办法，她经常一个人在街上漫无目的地游走。偶然的一天，她不知不觉来到一家商场的玩具柜台，那里陈列着许多芭比娃娃和配套的玩具礼服，看着那些颜色鲜艳、款式各异的小礼服，她的脑海里突然闪出了一个想法。

此后的一段时间，艾米丽把自己关在家里，她剪掉那批纱料上损毁的部分，用余下的材料制成了精巧的芭比礼服。等到缝制的小礼服达到一定数量后，艾米丽就带着它们去寻找买家。在这一点上，她发挥出了设计婚纱的特长，加之那些纱料原本就质地优良，而她的制作又非常细致，基本上没有费什么周折，她就把这批货物推销出去了。

小试牛刀的成功，给艾米丽带来了信心，她终于又看到了希望。随后，她开始召集员工，加班加点地生产。最终，那批破损的纱料就给艾米丽换回了修复工厂的第一笔资金。2 年后，艾米丽的工厂经过修缮，顺利复工。

我们不是艾米丽，却也可能和她一样，遭遇属于自己的一场“大火”，带走原本属于我们的一切，留下一个狼狈不堪的处境和一条千辛万难的前路。可就像艾米丽的母亲告诫她的那样，生命的大火烧毁曾经拥有的一切并不可怕，可怕的是丢掉了内心的信念，没有了航行的灯塔，就丧失了奋争的力量和改变的可能。

诚然，我们都爱那温室里娇艳欲坠的红色玫瑰，也爱那风和日丽天气下向阳开的黄色花蕊，却忘了还有一种美，是经历风雨的洗礼，在风中摇曳生姿，在天晴后吐露雨珠，那是一种震撼人心的铿锵之美。

香港著名演员狄娜去世后，全港一片哗然，不少香港报纸都将这条消息作为头版头条。一切只因，这个女人的一生太过传奇。

狄娜在娱乐圈付出了很多，但始终一文不名。结婚后，原本以为生活能安稳下来，却不料有了婚变。丈夫召开记者会宣布，说女儿不是他的骨肉。之后，她跟丈夫分道扬镳。

不幸并未结束，1974 年，狄娜宣布破产，她是香港历史上第一个申请破产的人。尽管到了人生的最低潮，但她并未气馁，而是选择了北上经商。经过多年的奋斗，她渐渐发展成坐拥 20 亿身家的巨富。

提及自己的成功之道，狄娜如是说：“我性格坚强，绝不会怨天尤人，多谢上天，我的人生没有白过。”周围的许多朋友对狄娜的评价也是如出一辙，他们这样形容：“一个如此 Tough（坚韧）的女人。”

几米的《希望井》里有这样一段话:“掉进深井，我大声呼喊，等待救援……天黑了，安然低头，才发现水面满是闪烁的星光。我在最深的绝望里，遇见最美丽的惊喜。”

心灵箴言

从来没有绝望的生活，只有绝望的人。无论境遇多么糟糕，只要内心相信风会住、雨会停，黑夜总会过去，便能在困境中看到希望，用坚韧扭转一切。

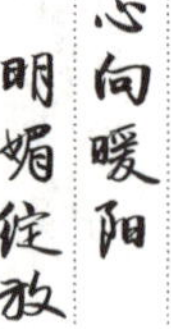

【第六章】

温暖明媚，做让人欣赏的女人

此生，做一个温暖的女子
清淡如水，明媚如花
诚实善良，不要伪装
对朋友真诚以待，对爱人呵护包容
不求大富大贵，只求心安从容
为生活添一些阳光
给世界带一丝温馨
坦坦荡荡，简简单单
平凡但不平庸，美丽却不攀比
收敛锋芒，虚怀若谷
这就是一个女人的快乐与幸福

聪明的女人，会微笑着向世界低头

张爱玲曾经说过：“善于低头的女人是最聪明的女人。”女人不要羞于示弱，因为无论在工作还是生活中，善于低头的女人，总是能够受到人们更多的喜爱和欣赏，有这样的诗句说得好：最是那一低头的温柔，像一朵水莲花不胜凉风的娇羞。

饱满的麦穗总是低垂着，自然界里不乏这样的现象，人生亦如此，谦虚的人生才是“丰盛”的人生。

美玲是人如其名，1.70 米的身高、俊俏的脸蛋、苗条的身材，怎么看都是一个十足的美人，更为重要的是美玲还能讲一口流利的英语，这也是她最为得意的资本。刚进公司的时候，上司陈娜对她很亲切，但在一次跟外商谈业务的聚会上，美玲出尽了风头，她得意地用英语跟外商海阔天空地交谈，并频频举杯。她以她的高贵与美丽成了整个聚会上的焦点人物，而把上司陈娜冷落到了一边。聚会结束没多长时间，美玲就被调到了一个不太重要的部门了。

美玲一点不谦虚的表现，自然让上司陈娜沦为配角。她在公众场合喧宾夺主，旁若无人地与上司抢“镜头”，使上司陷入尴尬的处境，上司当然不愿意把这样的下属留在手下了。

一个智慧的女人，知道什么时候该表现自己，什么时候该收敛自己，一个收放自如的女人，一定是一个有强大气场的女人。学会谦虚对女人很重要，正如明人陆绍珩所说：人心都是好胜的，我也以好胜之心应对对方，事情非失败不可。人情都是喜欢对方谦和的，我以谦和的态度对待别人，就能把事情处理好。

有一位在一流企业担任要职的领导荣升为经理，在就职的发言中她说道：“我一向对数字感到头痛，所以以后还请大家多多帮忙！”

就这一句话，把为了迎接能干的经理而战战兢兢的属下们的紧张感一扫而空。但是，后来的情形却恰恰相反。当属下提出书面报告时，她一眼就看出了差错：“这地方数字有错哟！”她若无其事地督促其注意。这个指正其实很细微，但却相当重要。这样继续一段时间的话，便会给下属留下这样的印象：“这经理明明说她什么都不懂，其实相当不含糊呢。”

因此，女人应该学会谦虚。谦虚是一种好品质，它可以帮我们赢得他人的尊敬。

在传统的美国青春电影中，女主角一定会是那个低调又善良的邻家女孩，而女二号是那个校园里最瞩目的焦点，手挽男主角的拉拉队队长。在故事的前半段，女二号会想尽办法对单纯的女主角百般折磨，趾高气扬地让女主角永远比不上她。而后半段，自然会是女主角丑女大翻身，从灰姑娘变身公主，用善良的心赢得男主角的青睐，并最终在众人的支持下打败坏心肠的女二号，从而获得童话般的大结局。

看到这里，有女士一定会问了，难道这代表着高调的女人就都是坏心肠了？答案，当然是否定的。高傲或低调，只是女人们对自己生活方式的一种选择。

A与B，是一家销售公司分别负责两个销售组的主管。A是那种高傲的女人，事事都会争一个最先，她要求自己的下属必须级别分明，而善着装的她也是老板出席各项活动的最佳助手；B则是那种有些低调的女人，有一次A组的新人去B组转交文件，见到正在茶水间的她，就直接走过去说："你好，可不可以请你帮忙把这份文件转交给你们主管。"而B竟然就笑着答应了一句"好"，直到很久以后才发现她就是主管。不过这两个组的业绩却是一直不相伯仲。然而，在后来的销售总监内部民选中，赢得最多支持率的人却是B。因为在同事们的心目中，具有亲和力的B会比锋芒毕露的A要更容易相处，也更懂得作为普通职员的他们的心意。

选择高傲生活方式的女人，在承受众人热烈目光的同时，也需要为维持这种高傲的姿态付出自己的心思。她需要第一时间获取最流行的资讯；她需要每天出门前花超过一个小时的时间来挑选衣服和化妆；为了不成为无脑的美女花瓶，她在工作学业方面也不能放松。但是，太过专注于打点自己的高傲女士，却常常会因为自己的高傲而忽视了身边人的感受，也会因为高傲的外表，而将许多人拒之很远。而高傲最大的副产品，就是你也必须随时准备应对一旦自己遭遇滑铁卢，那些比赞赏更挑剔的鄙夷目光。

选择低调生活的女人，通常都对自己想要什么，有着十分清晰的认识，不会因为没有得到别人的赞赏而郁结。无论是工作还是生活，她们对于周边的人，会保持平和的心境。她们做事情不是那么风风火火，却会保持着自己预计的节奏，有序地向目标前进着。低调的女人，并不等于她就是默默无闻的，在必要的场合，她同样可以绽放出属于自己的光彩。例如，在舞会上赢得了王子目光的灰姑娘，若是王子不是第一眼见到她穿的华衣衬托出的那张单纯的美丽容颜，也许并不会有后来的故事。但是，我们必须承认，低调的生活可以让我们最大可能地避免来自周边的敌意，也可以让我们在关键时刻赢得来自众人的支持。

心灵箴言

女人永远不要为想要成为众人的焦点，而放弃原本自己的本质所属，因为永远都会有新的人站在那个被瞩目的位置，而被替换的人都不会再被人记起。不如用心与周围的每个人相处，只有懂得你的人，才会愿意珍惜你。

可以不漂亮，但一定要善良

记得有这样一句话："男人要坚强，女人要善良。女人可以不漂亮，但一定要善良。"在词典里，善良是这样被解释的：心地纯洁，没有恶意，也就是拥有一颗大爱心、同情心，不害人、不坑人、不骗人。

善良，是做人最基本的品质，是这个世界上最美好的情操，是人类先天存在的唯一崇高的根基。法国作家雨果说得好："善良是历史中稀有的珍珠，善良的人几乎优于伟大的人。"

善良的品格如同沙漠里的绿洲，给人希冀。善良是拯救人性的良药。一个善良的女人，会给人春天般的温暖，更会给人天使般的感觉，正是因为内心的那份善良，才会为维持和谐的社会秩序贡献一份力量。试想，假如人人为己，自私自利，甚至为了自己的利益而你争我夺、恶语相向、大打出手，那么社会秩序将会何其之乱，而失去了良好的环境，大家赖以生存的空间便不能安定和谐，那么，我们的生活又怎么能够得到保证呢？

善良虽博大如海，却又蕴于简单而平易的细节之中：它是风雨中悄然为你撑开的一把伞，给你庇护；它是寒冬里为你燃起的一盆火，给你温暖。更多的时候，善良是一句亲切的问候，一个善意的微笑，一声真诚的祝福。善良是人性光辉的体现，是奠定人们高尚精神和道德的基本品质。心底无私是善良，默默奉献是善良，帮人做一些力所能及的小事也是善良。

善良的女人，不会有恶劣的行为，对于生活中的问题，她们总是用温柔与智慧的方式去解决，她们不会招来别人的厌恶，反而让人充满敬意。虽然社会大舞台上的人形形色色，但是她们却总能够保持自己的本真，以善良之心待人待物，时刻散发着人性的光辉。这样的女人让人赞美，让人敬慕。

其实，“善良”这个词汇，是多么单纯，但却又是多么有力。它浅显易懂，它与人终生相伴，但愿我们能常追随它、善用它，因为老祖宗早就叮嘱过“善为至宝”，一生用之不尽啊。

有一个单身的女孩子，刚刚搬了新家，她发现隔壁住了一户穷人家，一个寡妇与两个小孩子。有天晚上，那一带忽然停了电，那位女子只好自己点起了蜡烛。

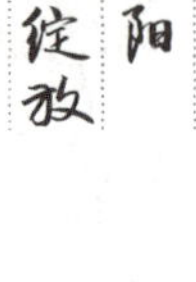

没过多长时间，她听见有人在敲门。打开门一看，原来是隔壁邻居的小孩子，只见他紧张地问：阿姨，请问你家有蜡烛吗？女子心想：他们家竟穷到连蜡烛都没有吗？千万别借他们，免得被他们依赖了！于是，对孩子吼了一声说：“没有！”

令她没有想到的是，就在她正要关上门时，那个穷小孩展开关爱的笑容说：“我就知道你家一定没有！”说完，竟从怀里拿出两根蜡烛，说：“妈妈说怕你一个人住又没有蜡烛，所以让我带两根来送你。”此刻女子自责、感动得热泪盈眶，将那小孩子紧紧地拥在怀里。

我们每个人只有对别人充满爱心，才能够唤醒别人的感恩之心。

有一位家庭十分贫困的男孩子，为了能够积攒自己的学费，挨家挨户地推销商品。傍晚时，他感到疲惫万分、饥饿难挨，而他推销得却十分不顺利，甚至有些绝望了。这时，他敲开一扇门，希望主人能给他一杯水。开门的是一位美丽的年轻女子，她却给了他一杯浓浓的热牛奶，令男孩感激万分。

若干年之后，这位小男孩成了一位著名的外科大夫。一天，有一位患病的妇女，因为病情严重，当地的大夫都束手无策，她便被转到了这位著名的外科大夫所在的医院。外科大夫为妇女做完手术后，惊喜地发现那位妇女正是多年前在他饥寒交迫时，热情地给过他帮助的年轻女子，当年正是那杯热奶使他燃起了对生活的信心。结果，当那位妇女正在为昂贵的手术费发愁时，却在她的手术费清单上看到一行字：手术费 = 一杯牛奶。

当别人遇到麻烦时，明明是举手之劳，可有的人却选择视而不见，那么，当他们自己遇到麻烦时，又有谁愿意出手相助呢？人和人是相互依存的，一个篱笆三个桩，不可能有谁具有万能的本领，虽说献出一份善良、一份爱心并不是为了获得回报，可是当自己袖手旁观的时候，何不来个换位思考，假如那个遇到麻烦的人是自己，心中又会是何感受呢？

用爱面对每一天、每一个人、每一件事，心中就不会堆积烦恼，世间的纷争也会减少。天地虽宽，只要用无限的爱心去启发、引导，力量就不会间断。

爱惜自己，追求幸福，是人的本性之一，然而同时也别忘记关怀他人，让别人也能拥有幸福，让社会多点温情。因为，唯有相互关怀、体谅，才是赖以创造出人类共同富裕及幸福生活的力量。

唯有主动付出，才有丰盈的果实得以收获。别人站得远，我们就走近，距离便会缩短；别人若冷漠，我们持以热情，就会让彼此靠近。

慷慨无私地为别人着想，就像播种一样，总能看到收获，尽管这种收获有时是直接的，有时是间接的，但是有良心、重情义的受益者终究会把爱的种子珍藏于心，直到永远。

有这样一个被人称为“美丽的误会”的故事。

在一家餐馆里，一位老太太买了一碗汤，在餐桌前坐下后，突然想起忘记取面包了，于是她急忙起身去取面包。等她返回餐桌时，却惊讶地发现自己的座位上坐着一位黑人男子，正在喝着自己的那碗汤。

“这个无赖，他无权喝我的汤！”老太太心里气呼呼地想道，“可是，也许他太穷了，太饿了。我还是一声不吭算了，不过，也不能让他一人把汤全喝了。”

于是，老太太装着若无其事的样子，与黑人同桌，面对面地坐下，拿起了汤匙，不声不响地喝起了汤。就这样一碗汤被两个人共同喝着，你喝一口，我喝一口。两个人互相看着，都默默无语。这时，黑人突然站起身，端来一大盘面条，放在老太太面前，面条上插着两把叉子。

两个人继续吃着，吃完后，各自直起身，准备离去。

“再见。”老太太友好地说。

“再见。”黑人热情地回答。他显得特别愉快，也非常欣慰。

黑人走后，老太太这才发现，旁边的一张饭桌上，放着一碗无人喝的汤，正是她自己的那一碗。

生活就是这样纷繁复杂，人与人之间的误会、隔阂，乃至怨恨等，时常都会发生。只要心地善良，互谅互让，误会、怨恨也能变成令人感动和怀念的往事。生活就是这么有意思，人们在互相的善良中得到好处，在互相的帮助中不断前进，在互相的支持中共同走向美好的明天。

“人之初，性本善。”善良的女人胸襟博大，富有爱心。也许她们不曾想过，将爱心的种子播撒出去的时候，会收获丰富的果实。但是只要有一颗善良的心，生活所给予她们的不会只是重负，只是坎坷。善良的心比金子更珍贵，你无意中帮了别人一把，或许会让他在生命中看到希望，从而继续努力，走向更美好的未来；你一句宽慰的话，或许就会解开一个心结，让他不再意志消沉。善良的女人心如白雪，洁白无瑕，她们是最美丽的天使，因为善良，她们的人生也会更加多姿多彩。

心灵箴言

善良的女人犹如一部名著，开卷有益，百读不厌。善良的女人犹如一首名曲，美妙动听，韵味无穷。善良的女人心地像小河，潺潺涓流，清澈见底。一颗善良的心，一种爱人的性情，一种坦率、诚恳、忠厚的精神，让女人成了人间最美的天使。

内心有阳光，世界就会温暖明媚

有人说：“真正的好女人，能够让人感觉到无微不至的温暖。”

奥黛丽·赫本，被世人称之为“温暖了全世界的电影明星”。在20世纪五六十年代，奥黛丽·赫本的事业达到了鼎盛的高峰，世界各地的影迷把她封为“银幕女神”。可是，人们喜爱这个女人，并不是单纯因为她的容貌和演技，更多的还是她那颗温和纯善的心。

年事渐高之后，奥黛丽·赫本淡出了演艺圈，但她并未淡出人们的视线。1988年，她开始出任联合国儿童基金会亲善大使，她经常举办一些音乐会和募捐慰问活动，还亲自到非洲贫困地区探望贫困儿童，埃塞俄比亚、苏丹、萨尔瓦多、危地马拉、洪都拉斯、委内瑞拉、厄瓜多尔、孟加拉等亚非拉等很多国家都曾留下她的足迹。1992年底，身患重病的奥黛丽·赫本，不远万里赶往索马里去看望因饥饿而面临死亡的儿童。她走到哪里，哪里就有爱戴与欢迎。

时至今日，人们依然怀念这位人间天使。人们爱的，不仅是她惊人的美丽，更是她身上那一份温暖的气息。她的爱心与人格，像她的影片一样明媚，照亮了许多人的心。

移开注视着荧屏的目光，回归到现实的生活，依然有很多向日葵般温暖的女子。

伊阳，一个爱安静、爱笑的女子。从大学毕业开始，她都在利用业余时间做义工。一颗纯善的心，一份执着的坚持，让这个25岁的女子，看起来温和宁静，优雅美好。当对物质的欲望一点点地扭曲了很多人的价值取向时，她的善良更显得弥足珍贵。接触过她的人，无不被她那良好的修养、温暖的气息所感染。就连那些不喜欢同人交流的自闭症少女，也愿意向她敞开心扉。

伊阳认识自闭症少女飞儿的时候，是在一个郁郁葱葱的夏天。那女孩黑亮的头发、黑亮的眼眸，给伊阳留下了深刻的印象。第一次见面，飞儿没有任何表情，伊阳没有过多地问她什么，只是告诉她外面的世界，自己遇到的人，自己开心与不开心的事。这样的交流，持续了四五次。后来，再看到伊阳的时候，飞儿竟愿意用眼睛注视她，尽管没有言语的回应，可伊阳知道她在听，用心听。

飞儿生日那天，是她们相识半年的日子。伊阳和平时一样，跟飞儿聊天，临走的时候，把礼物留给飞儿，让她回到房间再打开。飞儿打开礼物盒，那是一个可以收集阳光的罐子，还夹着一张美丽的贺卡，上面有一段隽秀的笔迹，一段温暖的字句——

“年少的时候，我总幻想把阳光装进罐子，夜晚再拿出来绽放光芒。遇见你的时候，我总希望可以给你最特别的心意，就像那一抹清晨的霞光。我坚信，每个人心里都藏着那个收集阳光的梦想，坚信一定有可以打动梦想的力量。如果你，就是梦想，让我从今天开始，为你将温暖的阳光奉上。”

那一夜，飞儿抱着阳光罐入眠，脸上露出久违的浅笑。再次见面时，飞儿递给伊阳一张字条，上面写道：谢谢你。简单的三个字，伊阳却无比满足。她知道，那颗冰冻的心就像是春日下的雪，在阳光的照射下，慢慢地融化了。雪融化了，就是春天。

温暖是一种信仰，会让女人周身充满爱的希望，让自己和身边的人更加热爱生活；温暖是一种气场，会让女人变得伟大，给周围的人带去正面的能量。

温暖的女人，骨子里有一种亲和力，像送暖的春风，像和煦的阳光，像寒冬腊月里的炉火，像雪中送来的热炭。她们不会因为尊贵的出身、美丽的脸庞而变得冷漠高傲，也不会用美丽课堂上学来的东西作为提升身价的砝码。她们尊重别人，通情达理，宽容随和。

温暖的女人，给人带来平实与亲切的感受。她们没有盛气凌人的姿态，不会因为小事喋喋不休；她们通情达理，和她在一起不会让人感到任何压力，她们就像仲夏里绽放的向日葵，心朝阳光，脸上永远带着淡淡的笑容，走进她身旁，就会被她的温暖所感染。

温暖的女人，不会像娇弱不堪、处处依赖人的弱女子，她们勤劳持家，若给她一个小家，她会把它装扮得温馨整洁，把饭菜做得可口香甜，与邻里相处融洽；就算心中偶尔荡起涟漪，冒出烦恼的泡泡，她也会很快调整好情绪，不给他人带来麻烦与压抑。

温暖的女人，是优雅的女人。这份优雅不源于外表，而是源自内心。世间最名贵的香水，在时间与空间的侵蚀下，也会失去香气，可是温暖的女人从内心深处散发出来的幽香，却经久不衰。

心灵箴言

平凡生活中的女子，都不是伟大的人，但却都能够用伟大的爱来做生活中的每件事。做一个向日葵般温暖的女子吧！清淡如水，明媚如花。

展示修养，发掘女性的闪光点

某大型公司招聘总经理助理，待遇优厚，很多女孩前来面试。她们都认真地准备了简历，并且画着漂亮的妆，穿上了自己最时髦的衣服。于是，一个个靓丽的美女出现在了应聘处。然而，这么多人面试，录取名额却只有一个。大家一边默默地祝福自己能够入选，一边想象着这么大的公司，能被总经理看上的助理一定是最美丽的女子。可是，当面试结果出来的时候，她们却大跌眼镜。一个叫盛雪的女孩被采用了，可她既没有美丽的外表，也没有时髦的打扮，她是那么的普通……很多人都觉得自己比她强得多，对于自己被淘汰耿耿于怀，然而，总经理的一席话却让她们心服口服。

"感谢大家来参加此次招聘，从大家一进门，我就已经注意到各位的行为了，你们当中只有盛雪把走廊里倒在地上的扫把扶了起来，而且，她进入公司之后一直姿态优雅，举手投足都大方得体，而不是等到开始面试时才走着端正的步子。再者，她的简历上填的更多的是她参加过的爱心公益活动，而不只是获过多少奖项。如此一个有爱心、细心，又不夸夸其谈的女孩，正是总经理助理的最佳人选。"

在这么多人中脱颖而出，盛雪所依靠的并不是美丽的面容，而是她的修养。虽然漂亮的外表可以获得别人的羡慕，但是能让人从内心产生敬意的还是修养。良好的修养不仅是女人获得良好人缘的前提，也是女人在职场中获得成功的催化剂。

修养可以使人变得清澈、宽容，它就像水一样，也许你不口渴的时候，感觉不到有多需要它，可一旦需要了，才体会到它的重要性。同样，对于提升女人的气质，修养也起着必不可少的作用，缺少了它，女人即使有漂亮的容貌，也未必能够获得自己想要的结果。

拥有良好修养的女人就如同涓涓小溪细细流淌着，小溪流过滋润了土壤。有修养的女人就如同小溪一样，用纯净简单的心态去对待万物、包容万物。面对纠纷和矛盾的时候，有修养的女人都会展现出宽容的一面，用广博的心胸默默包容，化干戈为玉帛，从而将品质的光辉转化为影响力和凝聚力。就是这样，有修养的女人在职场和生活中都能令自己处于不败之地。身为女人，用良好的修养作为自己的底色，无论身处温室还是僻壤，都会游刃有余地面对一切，尽显生命之华彩。

一个阳光明媚的午后，两个少妇带着各自的孩子在小区里玩耍。调皮是小孩子的天性，两个小家伙东摸摸、西碰碰，对什么都是那样的好奇。

“不许摘花！”一声呵斥吓得两个孩子哇哇大哭起来，原来两个母亲只顾着聊天，注意力离开了孩子，而两个小家伙看着花园中的鲜花开得正艳，就一朵接着一朵采摘了下来。呵斥声正是看花老人吼出来的。看花老人本来是想阻止孩子继续摘花，没想到由于嗓门太大吓到了孩子，一脸愧疚地向孩子的母亲道歉。

看到受惊吓的孩子哇哇大哭，当妈妈的心里自然心疼，但是两个妈妈的做法却大相径庭。一个妈妈一边安慰孩子，一边向看花人连声道歉，承认孩子摘花是自己的过错。另一个妈妈却抱起孩子就对看花老人破口大骂，恶语相加。这时候很多人都看不过去了，纷纷指责对老人破口大骂的少妇："看花老人是尽他的职责，虽然方式欠妥，可是老人已经道歉了，你怎么还能去骂老人呢？"

听到周围人的议论，那个女人抱着孩子悻悻地离开了。

女人的修养就是从点滴小事中显露出来的。故事中得理不饶人的少妇外表虽然美丽，但是行为的粗鲁已经让她的美大打折扣，令人望而生畏。而另外一个肯于承认自己错误的少妇，其善待他人的做法体现出对别人的尊重，其实尊重别人也就是尊重自己，有修养的女人总会像花朵一样芳香四溢。

有修养的女人，拥有广阔的胸怀和博爱的内心。修养就如同山间那欢乐的百灵鸟，因为清脆地鸣叫，寂寥的山谷才回荡起美妙的声音；拥有修养的人就像山坡中朵朵盛开的杜鹃花，因为美丽的点缀，绿草成茵的山坡才充满绚丽的色彩。

女人需要修养，因为修养不但能够彰显出女人的本性，还能将女人身上的闪光点淋漓尽致地展现出来。有修养的女人懂得生活，明白未来的道路在哪里，该怎样走。这样的女人可以用良好的修养铲平人生旅途上的荆棘，垫平生活道路上的坑洼，向着幸福的曙光大步前行。

心灵箴言

修养，听上去像是一个概念，然而它却融入生活中的点点滴滴，哪怕只是一个微笑，一份关怀，一次宽容，都会是修养的一种体现。它如一缕和煦的春风，让别人轻松愉悦，也让自己神清气爽。作为女人，更应该提高自己的修养，因为它将成为你生活中的一张王牌。

光明磊落，做女人要坦坦荡荡

说到女人，很多人想到的形容词除了美丽往往就是柔弱，然而，现在的女人并不甘于人后，她们为了理想而努力地拼搏。在激烈的竞争中，她们不仅要做好各种权衡，为人处世更要坚持自己的原则，坚定自己的信念，认清自己的优点，肯定自己的价值。尤其是在与人共事的时候，保持做人的本色显得格外重要。此外，女性要想在社交场合中赢得更多的尊重，更要保持良好的自我本色，学会积极处世，坚守自己的原则，不要把自己的意见强加给别人，更不要对事情有过多的占有欲和控制欲，而应坚守心中的道德底线，不同流合污，用行动表明立场，这样才能在走向成功的道路上光明磊落，始终无愧于自己的良心。

面对剧变的社会，面对纷繁的生活，许多人感到人际关系变得越来越复杂，为人处世也变得越来越难。实际上，光明磊落、刚正不阿坚守自己的道德底线的人，仍然会受到人们的钦佩。趋炎附势、奴颜媚骨、阿谀奉承，最为人所不齿，活在世上谁都瞧不起。

法国电影明星洛伊德将车开到检修站，一个女工接待了他。她熟练灵巧的双手和俊美的容貌一下子吸引了他。

整个法国全知道他，但这位女工却丝毫不表示惊异和兴奋。

“您喜欢看电影吗？”他禁不住问道。

“当然喜欢，我是个影迷。”

她手脚麻利，很快修好了车：“您可以开走了，先生。”

他却依依不舍：“小姐，您可以陪我去兜兜风吗？”

“不！我还有工作。”

“这同样也是您的工作，您修的车，最好亲自检验一下。”

“好吧，是您开还是我开？”女工问道。

“当然是我开，是我邀请您的嘛。”

车行驶得很好。女工问道：“看来没有什么问题，请让我下车好吗？”

“怎么，您不想再陪一陪我了？我再问您一遍，您喜欢看电影吗？”洛伊德问道。

“我回答过了，喜欢，而且是个影迷。”

“您不认识我？”

“怎么不认识，您一来我就认出您是当代法国影帝阿历克斯·洛伊德。”

“既然如此，您为何这样冷淡？”

“不！您错了，我没有冷淡，只是没有像别的女孩子那样狂热。您有您的成就，我有我的工作。您来修车是我的顾客，如果您不再是明星了，再来修车。我也会一样的接待您。人与人之间不应该是这样吗？”

洛伊德沉默了。在这个普通女工面前他感到自己的浅薄与虚妄。

洛伊德最后很有礼貌地对那位女工说：“小姐，谢谢！您使我想到应该认真反省一下自己的价值。好，现在让我送您回去。”

一个人能否受到别人的尊敬，并不是由于他所处的地位和工作所决定。这位普通女工之所以能赢得对方的尊重，就是因为她自尊自爱、光明磊落的人格。

为人处世坚持原则的女人，不会受到不良习气的影响，在利益面前，她们不会选择卑躬屈膝；在权势面前，她们不会选择同流合污。她们的天空永远都是蔚蓝的，她们的内心永远都是明澈的。如果一个女人修养颇高，时时处处都能保持真我风采，那么，她就不会为更多的浮尘琐事所羁绊，就能够怀着更加轻松的心态去感受生活的美妙。

心灵箴言

不管是茫茫人海，还是竞争激烈的商海，能够做到光明磊落的人都会受人爱戴与尊敬，而能够做到这一点的女人，更是令人刮目相看。能够坚持这种处世的原则，不仅需要正确的人生观与价值观做铺垫，更需要一种非凡的毅力与勇气。

乐于分享，用爱撒播幸福的种子

古龙曾说过："快乐是件奇怪的东西，绝不因为你分给了别人而减少。有时你分给别人的越多，自己得到的也就越多。"幸福与快乐其实是一样的，当人自己幸福的时候，将幸福与大家分享、传播出去，你将得到更多的幸福。

如果你拥有一个苹果，跟别人交换后，你拥有的依然是一个。如果你有一份幸福，跟别人交换以后，你得到的就是两份幸福。

我们都只不过是凡尘中人，能够改变我们这些凡夫俗子人生的往往不是豪言壮语、香车别墅而是幸福的点滴分享。与别人分享幸福的喜悦，不但是给别人干涸的土地灌溉了甘泉，而且是给自己的内心增添了一种色彩。

人在分享幸福的时候会品尝到双方的甜蜜，让分享到的幸福成为久久萦绕在心头的美妙滋味。每一次的分享，无论是对方还是自己都会有新的人生感悟和幸福启示，这种人生的感悟和启示会化作对自身的帮助，促使我们迅速成长并破茧成蝶。

两个小女孩是邻居，虽然近在咫尺，她们却互不相识。生性活泼的孩子都很想结识对方，一同玩耍，可是用什么办法来接近对方呢？冒昧地闯过去未免有些唐突。

小女孩A向妈妈说出了心中的困惑，妈妈微笑着说："你最爱的东西是什么？只要你肯拿出你最喜欢的东西和别人一同去玩，其他人肯定会乐于和你交朋友的。"

小女孩A听了妈妈的话后赶忙跑到自己的卧室里，抱起了心爱的洋娃娃跑去找小女孩B一同分享。刚跑到家门口，就看到小女孩B手捧着糖果怯生生地对她说："这是我最喜欢吃的糖果，我特意拿过来和你一起吃，你愿意做我的朋友吗？"

小女孩 A 使劲地点点头，并且高举手中的洋娃娃说："这是我最爱的玩具，和你一起玩，让我们成为好朋友吧！"

小女孩 B 开心地笑了。于是两个小孩共同分享着糖果和玩具，玩得不亦乐乎，她们成了真正的朋友。

我们在分享幸福的时候可以收获更多的朋友。薄伽丘说过："友谊是慷慨、荣誉的最贤惠的母亲，是感激和仁慈的姐妹，是憎恨和贪婪的死敌；它时时刻刻都准备舍己为人，而且完全出于自愿，不用他人恳求。"现在的社会中，一个人需要用朋友来缓解压力，释放心情，可是朋友是难能可贵的，怎样才能拥有更多的友情呢？分享幸福就是一条捷径。懂得分享幸福的人真诚善良，通过与别人交流幸福来维护真情，巩固情谊。

小夏和小秋是一对无话不谈的好朋友，她们经常在一起分享幸福和快乐。

"你知道吗？我最近发现练习瑜伽可以陶冶情操、减轻压力，我几乎每天下班都去练习一会儿，练完后我会发现整个人神清气爽，无论做家务还是干工作都信心百倍，力气十足。"小夏满脸兴奋地对着小秋说。

"真的啊？我一直想找一个适合我的运动项目，这下可好了，我明天就去报瑜伽班。"小秋为终于找到适合自己的运动而快乐地说道。

过了几天，小秋在网络上对小夏说："我找到一本对女人塑造人生观有益的书，一会儿我就将电子版给你传过去。"

看过小秋传送的书籍后，小夏顿时感到在书中获取了在人生道路上前行的力量。

人只有在生活中与他人分享自己的幸福，才会让自己的幸福快速地成长。当我们让分享成为一种习惯的时候，你就会收获别人的体验，汲取更多的资源。

在日新月异的时代，你是否还在独自探索和耕耘幸福的土地？如果这个时候能够有人和你一起分享自己的幸福，你就会发现通往幸福的路径而省去寻找环节径直前行。当分享成为一种习惯的时候，我们就会不自觉地发现，原来大家分享的不仅是幸福本身，而是制造幸福、取得幸福的方法，将这种方法套用到自己身上，幸福就会不期而至。

心灵箴言

小小的分享构成了永恒的幸福。懂得分享的情侣，爱情永不会褪色，因为共同拥有太多快乐与悲伤交织的回忆。在分享的氛围中长大的孩子，心不会离父母太远，因为家庭的温暖串起他成长的快乐。懂得分享的员工更容易成功，因为他能够在团队的凝聚力中汲取无穷的力量。分享，让各种感情都随着岁月历久弥香。

【第七章】

心怀梦想，雕刻工作的幸福时光

梦想，是女人美丽的衣裳
有梦的女人总会显得浪漫而多彩
有追求的女人有着自己的人生梦想和目标
有属于自己的一方天地
有着独立的人格和个性
她能从容面对残酷的竞争世界
同时又没有失掉女人的妩媚与可爱
她从来不会坐等幸福的降临
她知道如何开创自己的幸福

拥有梦想，女人一定要有追求

梦想是美丽的衣裳，是心灵的花蕾，有梦想的女人才不会被现实的冷酷榨干，有梦想的女人才不会对琐碎的生活失去激情，有梦想的女人才会从容地体味幸福。

相信，每个女人都曾有过自己的梦想，可随着年龄渐增，物质、金钱、家庭等等的“大事”让许多人抛弃了曾经的梦想。

有一个女性朋友曾经伤感的说：

20岁之前，我们活在家人、老师的期望之下，背负着很多的压力与包袱，自己也不够成熟，能力不足，因此步履难免不稳。20岁之后，离开了众人的压力，卸下了包袱，开始全力以赴地追求自己的梦想，就这样愉快她过了10年。可是过了30岁，发现青春已逝，不免产生许多的遗憾和追悔，于是开始遗憾这个、惋惜那个，抱怨这个、嫉恨那个……就这样在抱怨中度过了几十年。到了60岁，发现人生已所剩不多。于是告诉自己不要再抱怨了，珍惜剩下的日子吧！于是默默地走完了自己的余年。而等到了生命的尽头，才想起自己好像有很多重要的事情没有完成……

梦想是值得珍惜的。梦想是心灵的花蕾，它像爱情一样，只有及时浇灌，才能带给女人幸福愉悦的体验。所以，女性朋友们一定要坚持不懈的追求，朝着自己的梦想奋进，不能让它随着岁月流逝而消失。

梦想的定义在大部分人的字典里比较接近“念头”，一闪而过，来来去去，所以，拥有梦想很容易，放弃梦想也很容易。容易放弃梦想的人自以为毫发无损，只不过一个念头的生与灭。其实，梦想应该更像一个人对自己一生的“承诺”，必须严肃认真地面对它、实践它。

女人都有过儿时的梦想，都有过理想中想要追逐的天空。然而，生活的竞争使原有的梦想被丢弃，在忙碌的生活中迷失了自己。梦想对于你可能已太过遥远，哪怕只是偶尔有一闪而过的念头，也被世俗中的那一点不尴不尬的物质生活所击灭了，太害怕失去却又害怕得不到，你已没有了勇气去承载一份梦想。所以日复一日、年复一年，生活重复、重复又重复，仿佛一眼看到白发苍苍的日子。即使厌倦这样的重复，也没有真正付诸行动去改变它，因为没有勇气，你不相信自己能得到什么，所以你的生活充斥着哀声怨气，但却又无能为力！

“淑女屋”的老板匡子因为一个蕾丝的梦想，开始了自己的创业之旅。小时候，匡子家的周围有一些欧式建筑，她从小看着它们，就想象着童话故事中的生活，觉得自己就好像童话故事中的公主一样。爱幻想的孩子可能都喜欢画画，匡子也爱画，她把自己设计的美丽衣服画下来，把自己想象的宫殿也画下来。在她的心中，她未来就会生活在这样的宫殿中，穿着美丽的衣服，演绎着王子与公主的爱情。匡子爱好听音乐、读小说、看戏剧，特别是古典戏剧，她常常沉浸于剧中的情节里，感动得一塌糊涂。

为了完成自己童年的梦想，1991年，26岁的匡子南下深圳，在那里她开设了第一家“淑女屋”专卖店。十几年时间，“淑女屋”迅速成长起来，至今已在全国开设了百余家连锁店，成为年轻女性们拥戴的品牌。匡子设计的灵感往往来源于戏剧故事。当她被一个故事感染的时候，就会身临其境，把自己当成故事中的人物，这时候她拼命地想通过某种方式把这种情感表现出来，于是就有了创作的灵感。草原小屋、绿色狂野、情人节玫瑰、黑白贵族、天鹅湖、奥菲妮娅、森林女王……在匡子设计的作品中，几乎每一个都可以找到到古典戏剧的影子。而这些设计作品就是她的梦想，她的梦想也成就了她的成功。

如今的匡子已经是身家上亿，聪明的匡子，正是大胆地将女性梦想中的美物质化，获得了事业的成功。匡子的设计室很大，布置得像童话中的宫殿。因为能真实地生活在自己的梦中，匡子热爱着生活的每一天。

梦想的力量真是不可思议。记得一位哲人说过一句话："一个女人可以没有美好的生活，但万万不能没有美好的梦想。"梦想，是黑夜里的一点烛光、一盏明灯、一弯新月；梦想，是岁月里的一缕清风、一滴露珠、一丝细雨；梦想是轻盈的雨蝶，是放飞的风筝，是飘扬的柳絮，是漫天的飞雪；梦想是飘逸的长发，是摇曳的裙阙，是曼妙的舞姿，是张扬的灵魂。

在生活中，羡慕他人身上那炫目的光环，很多女人羡慕他人的好日子，羡慕他人家庭幸福，事业成功。如果你也曾经在某一个春天，给了自己一颗梦想的种子，并用努力的汗水精心浇灌它，那么，你梦想的种子，就会生根、发芽，不断茁壮成长，并绽放出艳丽的花朵。

从一个贪恋广播的小女生到电视台的记者，柴静成功的道路可以说是在不断地呈跨越式成长，这种快速成长的动力，正是源自于她的不凡梦想，源自于她能不断地放飞自己的梦想，不断为自己的梦想而奋斗。

在柴静13岁时，她接触到了广播。从那时起，她了解了广播可以给人带来一个如此新奇的世界，悄悄埋藏下了梦想的种子——那就是有一天能离开自己的家乡，到一个能放飞自己梦想的地方，做一个电台的主持人，过一种与身边人截然不同的生活。

经过多年的努力，她的梦想终于照亮了人生。

何谓梦想，一个女人又应该给自己确立什么样的梦想？柴静是这样解读的："梦想是和职业无关的，而是接近一种生活方式的定位：能做喜欢的事情，譬如，摄影可以去记录一些流逝的东西；能对社会有贡献，不是出于职业的虚荣心；能作为一个纯粹的人来生活，不仅仅是女人或者主持人；可以摆脱性别角色、职业身份的阻滞，拥有自己的自由。"

从曾经梦想成为一个电台的广播主持人，到梦想成真，这既是一个女人追求梦想的历程，更是一个女人快速成长的过程。而在此期间，支撑柴静一路前行的，是她不懈的努力与胆识。

很多女人也有梦想，但总认为梦想离现实太远，其实，只要你树立了远大的梦想，只要你为梦想不断地努力，总有一天，梦想不再那么神秘，不再那么遥远，而是变为接地气的现实。

女人一定要有自己的梦想，要有自己追求的目标。在春天确立的梦想，就如同一粒小小的种子，别看这粒种子很小，很不起眼，很易让人轻视，可只要你小心地守护它，它总能生根发芽。所以，在最美好的年华中，一个女人一定要给自己一颗梦想的种子，哪怕它很小很小。

心有多大，梦就有多大，人生的舞台就有多大。一个女人一定要给自己树立梦想。因为上苍总是喜欢将无上的荣耀，给那些有梦想的人，上苍总是将夺目的光彩，给那些放飞自己梦想的人。

所以，一个女人一定要有梦想。有梦想的女人最美丽。梦想，是女人一生中，永远在寻找，永远萦绕心间的一个美丽的梦。每个女人都应该迈开追寻的梦想脚步，让自己的人生更绚丽多姿。

心灵箴言

梦想就是一颗珍珠，或大或小。对于那些一生当中有很多梦想的人，就可能结出一粒又一粒的珍珠。当有一天其中一个梦想成熟之后，这个梦想还会像一根链子一样，将那些散落的小珍珠，或者还没有成型的珠子，串成一串美丽的珍珠项链。

热爱工作，激情是工作的动力

有一个名叫秦娜的女孩，每天早上起来的第一件事就是照镜子，她微笑着对镜子中的自己说："又是崭新的一天，多美好！"只是一句话，体现了她对生活积极、热情的态度。

热爱生活的秦娜也同样热爱工作，散发着青春激情的她始终保持着对工作的热情。有人问她是如何保持工作热情的，秦娜举了正反两方面来说明。从正面来说，"这是我的责任，必须做好，强迫自己去喜欢，逐渐尝试去做，增强工作的积极性。"从反面来说："这不是我的责任，但我有兴趣和热情，转化为责任，保持动力去工作。"秦娜说："善于挖掘乐趣很重要，你不可能对每一份工作都喜欢，但是你可以在工作中慢慢调整，在你失去的同时你又得到了什么，调整心态去欣然接受。"

勇敢、热情的女生秦娜，在这个激流勇进的社会中努力寻找着属于自己的市场，并展示出了热情喷发的无限魅力。

《工作中无小事》一书中，作者说："对于一名员工来说，热情就如同生命。凭借热情，我们可以释放出潜在的巨大能量，散发出一种坚强的个性；凭借热情，我们可以把枯燥乏味的工作变得生动有趣，使自己充满活力，培养自己对事业的狂热追求。"无论在什么样的企业里，只要热爱自己的工作，并充满自信、热情地去工作，别人对你的评价会越来越高，自然会慢慢地把重要的事情交给你处理，你就会在工作中感到快乐，从而会获得不断的晋升。

热情并不是一个空洞的名词，热情其实就是成功和成就的源泉。你追求成功的热情愈强，成功的几率就愈大。热情可使你释放出潜意识的巨大力量。如果没有它，你就像是一节已经没有电的电池。爱默生说：“有史以来，没有任何一件伟大的事业不是因为热情而成功的。”一个充满热情的女人，无论做什么事情，他都会怀着浓厚的兴趣，并认为工作是十分神圣的。她会竭尽全力地去工作，不管遇到多少困难，她也都会以积极乐观的态度去面对。

热情是做人或做事都不可或缺的条件。它足以吸引你的老板、同事、客户和任何具有影响力的人，它是工作成功的关键要素。对于现实生活中的人也一样，如果对工作缺乏热情，那么无论从事什么工作，都不会有突出的成就；做事如果总是平平淡淡的态度，就会在庸庸碌碌中了却此生，人生结局将和千百万的平庸之辈一样，无所作为。当热情和工作结合在一起，工作将不会那么辛苦和单调。在热情的鼓舞下，你会具备宝贵的敬业精神，不知疲倦的投入到工作中。

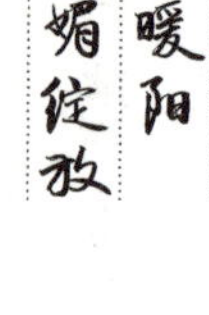

曾君现在是一个跨国企业的部门主管，说起她的第一份工作，她仍然津津乐道。她说那种状态就像在和工作谈恋爱，她能够每天很早就去公司报到，充满活力地开始一天的工作，她熟悉公司每个部门、每个员工的工作职责，并且能很快地找到问题的解决方法，她总是面带笑容，充满激情，每天上班就像开始了一天崭新的生活。公司的同事看到她那么卖力地工作，曾经开玩笑地问她是不是有很高的薪水？其实她当时的薪水并不高，只是内心对这份工作充满热爱，让她每天工作起来都很兴奋，即使加班、熬通宵也乐此不疲。

许多年过去了，她到了新的公司，升职加薪，更成熟地继续着自己职业生涯的发展，而这一切都归功于她的敬业精神，她对本职工作的热爱。

因为敬业，曾君成就了自己的事业。敬业者会忠于职守、尽职尽责、一丝不苟、善始善终。所以，职业女性，如果想要做好自己的工作，就先得热爱自己的工作，这样才愿意为事业献身投入，当这种喜好和痴迷逐渐形成习惯，表现在行动中，融入意识里，敬业便成了一种自然状态，无须刻意显露。

相反，那些不敬业的人往往什么工作也做不好。没有敬业精神，必然在工作中缺乏热情、不负责任、松懈怠惰、敷衍了事、怨天尤人、斤斤计较，这种人在事业上必然不会有什么大的成就。而当敬业成为一种习惯时，即使你的职业非常平凡，也同样可以赢得极高的赞誉。尊重自己的工作，对它投入足够多的热情，你会登上事业的巅峰。

硕士毕业后，小雪应聘到一家外企。她每天上班的工作就是：拆应聘信，翻译；翻译，拆应聘信。她的工作量大而枯燥，索然无味。可小雪不急不躁，一直耐心、仔细地工作。两年后，小雪被提升为人事部经理。升迁的理由是：一个名牌大学毕业的硕士生，每天千篇一律地拆信，不厌其烦地整理出有价值的信，推荐给上司，展示了她卓越的品质和良好的工作热情，因此深得上司欣赏。

总裁认为小雪能够尽职尽责，忠于职守，把自己工作岗位上的每一件事情都办得非常出色，是一名优秀的员工，而企业需要的就是这种放到哪里都能发光的人。所以，她理所应当是这一批应聘者当中的第一位升迁者。

激情是一种精神状态，是干好各项工作的不竭动力。激情能够创造不凡的业绩，而缺乏激情，很可能一事无成。要想成为一名最好的职业人，干工作就应当有争创一流的志气、百折不挠的勇气、奋力开拓的锐气。只有始终保持奋发向上的精神状态，把高昂的激情投入到工作中去，才能永远保持不断向前、向上的动力，从而创造辉煌的事业。

心灵箴言

伊尔说：“离开了热情是无法做出伟大的创造的。离开了热情，任何人都算不了什么；而有了热情，任何人都不可以小觑。”我们应将这份热情全身心地投入到工作中去，把它当作一种使命来完成，以此发挥它最大的力量。

踏实做事，用实力赢得尊重

从前，有个商人买了许多盐，驮在驴背上，驴不小心掉进了小河里，盐被河水溶化了，上岸后只剩下空空的袋子，驴感到很轻松。过了不久商人又让驴子去驮盐，当经过小河的时候驴子故意掉到了河里，它又一次轻轻松松地回了家。商人发现后很是恼火，第三次的时候给驴装了两袋子海绵，驴子再次故意掉进河里，结果它差点被淹死。这是一个流传了很久的寓言故事，这个故事讽喻了自作聪明，最终给自己带来加倍惩罚的"蠢驴"。

人活在世上最根本的两点就是做人和做事，把人做好是把事做好的基础，把事做好则是做人做得如何的直接体现。怎样做人的态度决定着做事的原则和取向，一个不会如何做人的人，他做任何事都是不会有好结果的，不论他如何投机取巧，也不论他付出怎样的努力，其结果总会适得其反！

一些喜欢玩心计的女人，自以为工于心计能显示自己的聪明与高明，其实，那是最大的愚蠢与糊涂。

然而，"心计"却并非纯粹是贬义词，工于心计不好，但并不是说人生在世完全不需要心计。应该说只要不是以欺骗与愚弄他人为前提的心计，还是多多益善的。因为人际关系错综复杂，不多动些脑子，不多想些法子是不可能处理好的。万花筒般的世界不断地处于变化之中，没有心计是应付不了的。这种平平和和的心计与蓄意险恶的工于心计完全不是同一个概念。

为人处世要有心计，在某种意义上来讲是一个女人聪明才智的表现，但需要强调的是：聪明是一笔财富，关键在于怎样使用。那些脱离正道的聪明，最终“聪明反被聪明误”，带来的只能是悲惨的结局。在现实中，竞争是激烈的，如果太工于心计，把心思放在“算计别人”上，是一件费时、费力，而且不道德的事情。这样做的人最终得到的只能是两个字：失败。

《红楼梦》中的王熙凤，在贾府算是一个精明之人。在一个复杂的环境里，势必要工于心计，才能生存。所以，为了巩固自己在贾家的地位，王熙凤很清醒地采取对各色人等的不同策略。对贾母承顺，对王夫人听从，对邢夫人应对，对地位高的大丫环称姐道妹，对下人严厉，对没地位的妾苛刻，对情敌死磕，置之死地而后快。结果到最后，机关算尽太聪明，反误了卿卿性命，最终落得个草席加身、不得善终的悲惨结局。

尤其在工作中，如果你不幸养成了投机取巧的习惯，那么即使你学识再高、本领再大，也绝不会有出人头地的一天。但如果你能一步一个脚印地工作，用心地做好每一件事。那么你就可以把自己带到明天的最佳位置。

李娜是一家大公司的高级职员，平时工作积极主动，表现很好，待人也热情大方。但有一天，一个小小的动作却使她的形象在同事眼中一落千丈。那一次是在会议室里，当时好多人都等着开会，其中一位同事发现地板有些脏，便主动拖起地来。而李娜身体似乎有些不舒服，一直站在窗台边往楼下看。突然，她走过来，一定要拿过那位同事手中的拖把。本来差不多已拖完了，不再需要她的帮忙。可李娜却执意要求，那位同事只好把拖把给了她。刚过半分钟，总经理推门而入。李娜正拿着拖把勤勤恳恳、一丝不苟地拖着地。这一切似乎不言而喻了。从此，大家再看李娜时，顿觉她太有心计了，以前的良好形象被这一个小动作一扫而光。说来也巧，在参加会议的众多职员中，有一个刚好是总经理的小舅子。结果不用说了，李娜以后再也没被重用过。

李娜因为耍“小聪明”而被老板“冷冻”了起来，她为她的“聪明”付出了高昂的代价。其实生活中还有很多李娜式的人，他们养成了在工作中投机取巧的习惯，认为只要老板在身边的时候表现出色就可以了，老板不在，又何必拼命呢？像这种“聪明人”只能一时得利，他们的“聪明”迟早会害了他们自己。

马静在学校里是一个很活跃的人，一直被朋友们十分看好。可是让朋友们吃惊的是，都毕业几年了，马静还是经常跑人才市场。而让朋友们大跌眼镜的是上学时默默无闻的王昭雅，此时已经成为一家日化用品公司在华北地区的市场总监。

这是怎么回事呢？让我们先看看她们这几年的工作经历。

离开学校后，马静应聘做了一家宾馆的大堂经理。由于爱耍些“小聪明”，所以刚开始挺受重用。可过不多久，她的那些“小把戏”就被一一拆穿，老板马上就将她“冷冻”起来。无奈之下，马静只好卷铺盖走人。

之后，马静又进了一家中德合资企业。德国人严谨实干的作风当然又是马静不能“忍受”的。

马静后来又在新加坡人、日本人、美国人……的公司工作过。这几年，马静的老板都可以组成一个“地球村”了，可马静却还是在四处游荡。

王昭雅则不同。大学毕业后她就进了一家日化公司的销售部。之后，她勤奋工作，默默地积累工作经验。她对行业渠道的熟悉程度使上司很是赏识，对公司产品更是了然于胸。她的才干很快得到上司的肯定。当该公司华北地区市场总监的位子空缺后，公司总部就让她顶了上去。

她们的经历真像某位大学生所说的："毕业以后，我们发现了彼此的不同，水底的鱼浮到了水面，水面的鱼沉到了水底。"

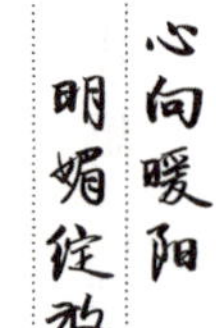

其实在我们的周围，有很多人本身具有达到成功的才智，可是每次他们都是与成功失之交臂，于是觉得老天对他不公平，怨天尤人。其实他们有没有认真地检讨过自己呢？总是不愿意踏踏实实地去做好自己的本职工作，总是期望很多，付出很少，内心里不屑于去做他们心中的"一般的小事"，认为他们被大材小用。认为是小事，就开始耍起小聪明，投机取巧，得以蒙混过关。

但是他们有没有静下心来想过：他能蒙得过一次、二次，能总是混过去吗？一旦让老板察觉，就会留下极坏的印象，建立一个好的印象需要长期的考察，而坏印象却在一瞬之间。而且坏印象的改变是很难的，犹如一张白纸，整张白纸的白不如上面一个墨点的黑给人留下的印象深。即使老板这一次原谅了你，但是老板以后就可能不再完全信任你，因为你的人格、人品在他的心目中已经打了一个折扣。所以总有人觉得与成功无缘，总是怨天尤人，抱怨老板不识人才，只把一些零碎小事交给他们，不给他们施展才华的机会。其实真正的原因不是老板不把机会给他们，而是他们自己常常投机取巧，结果把机会拒之门外。在老板的心中，他以往的投机取巧已经被打上不踏实、不可靠、不能委以重任的印记。

在一个公司中，如果再也没有机会从事重要业务，何以谈将来？何以谈前途？

投机取巧的习惯对你有百害而无一利，任何一个老板都不可能永远被你的“小聪明”蒙骗住。一分耕耘，一分收获，只有依靠实力才能获得老板的信任和重用，得到同事们的认可与尊重。

心灵箴言

在我们的日常生活中，毕竟大多是由朴素、真实、平凡组合而成，偶尔也有长虹落日，但更多的是直面柴米油盐，因此，应该从从容容是为上，平平淡淡才是真。虽然我们面对复杂的社会，生活未免有些忙碌和苦累，但做人不应该太复杂，不可工于心计，而应是以一颗平常心去期盼、去对待、去体谅、去关怀、去面对现实，面对身边的一切。

努力付出，工作就要兢兢业业

职场上那些所谓的女强人们，没有谁的成就是坐等而来的，更不是幻想得来的，她们的成功都是一点一滴的心血和汗水拼凑起来的。

撒切尔夫人说：“我将每一分钟看作 60 秒冲刺赛。”

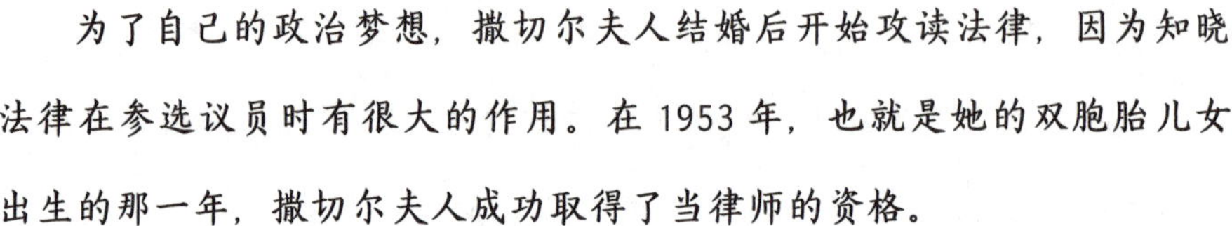

为了自己的政治梦想，撒切尔夫人结婚后开始攻读法律，因为知晓法律在参选议员时有很大的作用。在 1953 年，也就是她的双胞胎儿女出生的那一年，撒切尔夫人成功取得了当律师的资格。

在作为在野党预备内阁人士时，撒切尔夫人不断搜集数据与信息，最终以无法反驳的语言击败了对手。

后来，为了保守党领袖的竞选，撒切尔夫人马不停蹄地到全国各地进行演讲，在此期间，她每天总是早上 7 点起床，一直忙到次日凌晨两三点多钟才就寝。

在英国，当选的首相在一般情况下会在一昼夜间公布其新内阁 22 名阁员名单，否则的话就会被视为不正常。为此，撒切尔夫人在入主唐宁街的第一天，就必须要全力以赴地完成这一项艰巨的任务，她以惊人的工作效率，仅用一个周末的时间，就把 22 名阁员和约 60 名阁僚任命完毕。

这就是撒切尔夫人，不管她做什么工作，都会拼命付出，全力以赴做到最好。

而跟撒切尔夫人具有同样品质的美国女政客希拉里，对自己的梦想和工作也是毫不懈怠。

1998年秋天，希拉里开始考虑竞选纽约州参议员。她全身心地投入到了马不停蹄的竞选活动中去。她周游美国，足迹遍及全美20个州，参加了大约50场募捐会议，在34场群众集会上发表演说，募得了上千万美元。这看起来有点疯狂，但是却是英雄般的疯狂。

克林顿曾在电视采访中说到："希拉里什么工作都做得来，我在政界找不到比她更能干的人，包括我自己在内。她甚至曾打算不参选参议员，她在竞选问题上是十分矛盾的，可无论她接手什么工作，她都会全力以赴做到最好。"

不要认为自己是女人，就可以放弃拼搏，就算是女人，也应该堂堂正正地靠拼搏和付出立足于天地之间。如果你不是天生含着金汤匙出生的有钱人家的公主，那么你除了拼搏和奋斗，没有其他的选择。你要相信，只要你愿意付出汗水，总有一天你会得到回报的。

钟革惠是深业地产公司市场营销部经理，她从事房地产行业已有13个春秋，经历房地产市场的数次高峰与低谷，品味了其中的酸甜苦辣，她却以感恩之心享受着工作带来的快乐。居者有其屋是大多数人的梦想，房地产工作正是实现大家居住的梦想，创造宜居的城市居所。中国的房地产市场不断地走向成熟，她也从稚嫩走向成熟，逐渐具备与团队一起行动的协调性，乐观的接受，不懈的努力去实现心中的梦想，通过工作使人生丰富多彩。

13年的地产职业经历让她深深体会到，从事一项工作需要激情与能量，能量能激励自我，燃烧激情。能量的来源是热爱本职工作，无论从事什么岗位，只要全力以赴地去干就能产生成就感与自信心，就会产生向下一个目标挑战的积极性，在这个过程的反复中会更加热爱工作。

心灵箴言

也许有很多女人会想：我运气没有别人好，我也不够聪明漂亮，为什么还要那么辛苦去争呢？这种想法是极其错误的。因为每一个光明的前途，每一份事业的成功都是女人拼搏出来的。女人们一定要相信付出才会有回报，幻想是不可能实现目标的。只有经历过汗水的浇灌，成功之花才会开得越发艳丽。

感恩工作，发掘自己的内在活力

怀着感恩的心，我们和同事之间通力合作，工作中的任何问题都会被众志成城的力量迎刃而解。

“我为什么要工作？”很多女人这样问自己。有的说，老公的那点工资还不够孩子奶粉钱；有的说，我可不愿意做个家庭主妇，整天围着孩子老公转；更有甚者说，我要在事业上做个女强人，发挥自己的专长。那么是什么让你可以实现自己的这些想法？是工作！

工作为你提供了赚钱养家的机会，为你摆脱了精神上的苦闷，更为你提供了实现自身价值的机会。那么，我们就应该对工作心怀感恩。

不要总是以为，你的老板在利用你赚钱；你的同事在利用你晋升；你的工作环境和你想象中的相差甚远。这些只是你看到的阴暗面，积极的一面却被你自动忽略了：很多人想找和你相同的工作却苦于没有机会；你的同事也曾经在一个重大项目上帮过你的忙，要不是她，你可能还是个小职员；你的老板最近几个月已经给你发了好几次奖金了。这些，你是否考虑过呢？你的生活状况正在慢慢地改善，未来几年里就能买一套像样的公寓，而正是工作为你提供了实现梦想的机会，你还有什么好抱怨的呢？

学会对工作感恩吧！怀着感恩的心，我们对工作尽心尽责，每一个细节都会完成得完美无缺；怀着感恩的心，我们和同事之间通力合作，工作中的任何问题都会被众志成城的力量迎刃而解；怀着感恩的心，对公司忠心耿耿，公司因为有这样的员工而越来越强，你自己也会在自己的岗位上获得无穷尽的快乐。是否怀着对工作感恩的心让雯雯和芊芊这两个本来差不多的年轻人在命运上有了完全不同的区别。

雯雯和芊芊是大学同学，大学毕业后，她们俩一起被分到一所偏远学校教语文。她们两个也是整个系仅有的被分到这个学校的学生。刚来的时候，因为人生地不熟，她们俩又是一个系的，很快，两个人就成了无话不谈的好朋友。

刚开始，她们都对教育这个行业充满了热情，觉得教师是天底下最光辉的事业，尤其是在偏远山区支教。可是，几个星期下来，发现并不是那么回事。这个地方没有电视，没有大商场，连看电视、买东西都没有地方。于是雯雯开始抱怨了："芊芊，你说咱这啥时候是个头啊，不会一辈子待在这穷山沟里头吧。我可是一刻也待不下去了。"

"不，我答应过我爸妈，也答应过这所学校的孩子们，我要让他们学到知识，我的人生价值要在教育这个舞台上体现。我很感谢有这样一个可以施展我才能的岗位，我也会让这个学校的教育质量发生质的改变。"芊芊说。

"你说得对，可是城里也可以教书啊，你还是一样可以体现你的价值。"雯雯说。

"可是你想过没有，城里都是有钱人家的孩子，他们有好的老师，有好的教学条件，我们去还有什么意义？"

"我拗不过你，随便你怎么样，但我是决定回去了，宁可在城里没工作也比在这穷山沟里强。"

第二天，雯雯就背上了她的行囊出发了，无论芊芊怎么劝她，她还是执意回城了。

芊芊就在山沟里继续着她教书育人的梦。

匆匆二十年过去了。有一次，雯雯在校门口接孩子，她看到久别的芊芊和校长一起出了校门。她不明白这是怎么回事，但好友重逢的喜悦还是让她激动万分。两个分别二十年的老朋友再聚时有那么多话要说。

原来，如今的芊芊已经不是山沟里的教书先生了。她在山区支教不久，她所在的班级整体成绩明显提升，很多老师觉得这个刚来的年轻女孩子是个人才，接着就让她当上班主任，再接着她又成了校长，然后又回到城里当校长，慢慢地又升了教育局局长。这次就是来这所学校考察的。

相比之下，雯雯的一生却是比较平淡的，离开那个学校后，她就不想再教书了，换了几份工作都不满意，后来遇上了现在的丈夫。那时她的丈夫是个工厂的厂长，可是厂子后来就倒了，雯雯结了婚以后就在家带孩子，丈夫靠开出租车赚点钱。

"我要是当初不抱怨那份工作，和你一起好好干，说不定现在也是个校长了，可惜我读了那么多年的书，最后也只是个家庭妇女，什么作为都没有。"

除非你甘于做一个家庭主妇，否则女人都逃避不了工作。工作是一个女人有责任心的表现，除非你是个不用工作就可以过优越生活的女人。工作不但可以帮丈夫减轻家庭经济负担，还可以让你带给爸妈物质上的孝顺，从精神上他们也会觉得自己的女儿是个爱岗敬业的人。

感恩的工作态度也已经成为很多大企业的一种企业文化，只要怀有一颗对工作感恩的心，女人也将会有别样的工作情绪。

对工作感恩，学会享受生活。女人学会快乐地工作，就是学会发掘自己蕴藏着的内在活力、热情和巨大的创造力，就是学会享受每一天的幸福。如果没有好的心情，很难谈得上工作效率与成绩。也许你认为自己的工作是平淡乏味的，也许你认为你的工作是琐碎繁重的，也许……其实只要你愿意怀着感恩的心，快乐地投入工作，那么你的天空不再是阴霾，你就可以体验到平凡与精彩、烦恼与快乐、腐朽与神奇原来是如此轻易转换，你会发现启迪你力量和智慧的、给予你灵感和快乐的东西，原来离你那么近，并唾手可得！

带着一种从容坦然、喜悦的感恩心情工作吧，这样你才会获取更大的成功！

心灵箴言

常怀一颗对工作感恩的心，女人的心态会更平和。当我们保持着平和的心态看世界时，我们将拥有“宠辱不惊，闲看庭前花开花落”的恬淡与从容。带着阳光、带着幽默、带着愉悦的心情对待身边的每一位同事，互相都能看到对方的优点，互相都为对方的成功鼓掌，通力合作，不相互拆台、钩心斗角……在如此的心境下，我们自然会感觉工作是充实的，生活是快乐的。

提升自我，让自己的职业永葆青春

作为职场丽人，在漫长的职业生涯中，你可能会因为生育而暂停自己的事业之路，你可能会碰到性别歧视，你可能会遭遇职场性骚扰、职场新人的冲击……在年华逝去、青春渐老的过程中，你的事业也会遇到越来越多的阻力，在职业这条道路上，任何人都是不进则退，你需要不断地给自己充电，不断地前进。

众所周知，杨澜以前是一位著名的节目主持人，当然，现在依然是。只不过，谁都知道现在的她与从前的她根本没有办法相提并论。

早在 20 世纪 90 年代，杨澜就已经是中国内地家喻户晓的著名主持了。当时央视的品牌栏目和收视率最高的“春晚”都少不了杨澜的身影。在这个行业当中，她已经算得上是翘楚了。但是正在自己事业看起来最辉煌的时候，杨澜毅然放弃了人人艳羡的央视主持之位，一个人跑去美国进修，并且以全优的成绩获得哥伦比亚大学国际事务学硕士学位。从那以后，杨澜不再只属于中国观众，她已经成为具有国际影响力的大人物。她自己制作的节目具备了更加丰富的文化内涵和人文关怀，知性的气质也越来越深入人心；从创立自己的卫视到转让股权，再到与各大卫视的完美合作，让她成为最不具争议的才女兼财女。

但是，杨澜今天的成就离不开她当时对自身职业的另一种选择。对于那次让当时的人们大感意外、无法理解的选择，杨澜显然是经过了规划和深思熟虑的。她之所以会做出这样的一个决定，据说是因为在一次节日彩排中的感触。当时她去参加一个很重要的晚会的主持工作，当然，主持人也不只杨澜一个。在化妆间里，她遇到了这样一幕：一位曾经非常有名当时却青春老去的女主持人也赶来彩排化妆。但是当她拿着脚本认真准备的时候，导演却告诉她已经不需要她了，她可以回去了。原来，当时根本就没有安排这位主持人的主持工作，但是人们却忘了通知她，场面相当尴尬和悲怆：一位因为上了年纪而不再被人们需要甚至遗忘的主持人需要在人们同情的目光和窃窃私语中粉墨“退”场，这不是悲怆又是什么。

这一幕触动了杨澜，她在同情这位女主持的同时，也开始想象自己以后的境遇。虽然现在自己很红，但是不进则退的道理她还是知道的，自己不可能永远处于巅峰状态，以后等自己老了、没有能力了、别人不需要了，难保不会是同样的境遇。当一个主持人容易，当一个著名的主持人也不难，但是要当一辈子让观众喜欢的主持人就难上加难了。自己必须不断地提升自我、突破自我才能让自己的职业永葆青春。

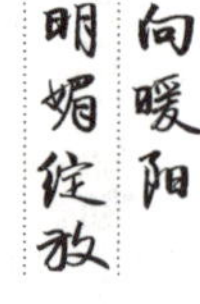

在为自己的未来做好规划和打算之后，她毅然辞去了炙手可热的主持工作跑去读书，并且很成功地将自己的形象从娱乐型转变成复合型人才，这一转变让她得到了“中国最美50人第一人”的称号，让她得到了更多的认可，也得到了更多的尊重，还创造了更多的财富。

很多女人在找到自认为满意的工作之后，就以为可以享受工作带来的乐趣而不用积极进取了。如果沉溺在昔日或现有的自满中，学习以及适应能力的提高必会受阻。满足现状、止步不前，这样的人很容易被淘汰。

现今的生活瞬息万变，尤其是科学技术日新月异，不断给职业注入新的内容和活力，这就要求女性必须不断学习新知识。两个文化程度相同的女性，经过若干年之后，一个女性通过业余学习，可能成为某方面的专家，而另外一个不愿学习，就可能沦为平庸的人。

对于职场女性来说，想要保住饭碗，就不能坐吃山空。只有不断对自己进行“充电”，随时更新自己的文化知识和职业技能，才能够在职场竞争中始终立于不败之地。“充电”能充实和完善自己，并提高自己为事业打拼的实力。只有不断对自己进行“充电”，随时更新自己的文化知识，不断地掌握新技术来改进和发展自己的职业生活，才有机会在“知识竞争”、“人才竞争”中占据一席之地。

在现代职场中，女性还是会受到很多的限制，如升职的机会、工作的限制、管理层的排挤等。这些现象使女性深刻地意识到：只有不断充电，使自己变得更强、更有力，才能拥有自己的位置。所以，女人要通过“充电”来增加竞争的资本，以此证明女人并不比男人差。

如今在武汉一家企业任“高管”的孙眉，用她的智慧书写了一个职场传奇。

1997 年，25 岁的孙眉就已执掌帅印，任一家物流公司的副经理。尽管当时的年薪已有四五万元，但孙眉并没有满足。已拥有双学位的她又读了工商管理硕士，为自己充电。

2000 年，孙眉把目光转向了海外。在别人看来，她当时工资收入高，工作环境好，已经很让人羡慕，但她还是毅然辞职，赴德国留学。4 年边打工边读书的留学生涯，既锻炼了她的工作能力，也让她的管理理念得到了迅速提升。

2005 年年初，孙眉从德国学成归来。刚回国时，上海一家德资公司有意请她去做企业管理咨询，开出的年薪是 60 万元。考虑到做这份工作要经常出差等因素，孙眉没有立即同意。

就在她迟疑的时候，武汉一家房地产公司的老板向她抛出了橄榄枝。该公司前景不错，业务还在不断发展，急需具有战略规划能力的高端人才加盟。老板给孙眉开出了令人心动的价码：任公司执行董事，赠别墅一栋，安家费一次性支付 100 万元，每月津贴 1 万元，持公司一定的股份，年终有分红。就这样，孙眉开始了她新的职场生涯。

从留学前的年薪四五万元到现在的待遇，孙眉的身价飙升了数十倍。这就是她不断给自己“充电”所带来的好处。给自己“充电”，还能极大地开阔你的视野，使你接触到多元文化。

有不少女性，她们已经拥有非常好的工作，但是她们渴望超越自我，尽管收入颇丰，但是她们考虑到企业中的竞争压力，认识到要保持持久的竞争力需要不断地充电和学习；有的人已经达到了一定的职位高度，觉得再难有突破了，这时候选择“充电”可谓是恰逢其时；还有一些希望改变现状的人，因为对自己目前的工作不满意，希望通过“充电”获得更多的资本。

沉溺于过去的成就，就不可能做出更多的成绩。作为职场女性，应该不断努力朝更高的目标迈进。千万不要频频回顾过往，或是渴望回到昔日的时光，保持积极的进取态度，无论是在工作中还是在生活中都应要求自己不断进步，才能获得更多的成功。

不断学习是走向成功必不可少的途径。在职场中不断学习的人才能得到上司的肯定，从而拥有更多的机会。认为自己永远都不够好，才能不断增强自己的能力，使自己能够胜任各种工作和角色。人，在任何时候，遇到任何事情，都要牢牢记住“居安思危，未雨绸缪”，如此才能进退有序，应付自如。

心灵箴言

职场中的女人没有理由放弃学习，如果不积极更新职业技能就无法胜任你的工作，在竞争日益激烈的职场中也就无法站住脚。要想保住饭碗，我们都不能坐吃山空，都必须不断“充电”，光靠原有的旧知识根本不行。女性在职场这片天地里，要有居安思危的意识，不断自我充电，尽可能地挥洒自己的智慧和才情，才能脚踏实地、阔步向前！

【第八章】

感受幸福，用心守候，幸福一直都在

幸福是情感的超越
幸福是相濡以沫的不离不弃
幸福是阳光般的心态
幸福是知足者的感受
幸福是痛苦中的希望
幸福是爱护、宽容、牵挂、尊重、情义的结果
幸福是友情、亲情、爱情的体现
幸福是一个谜，你让一千个人来回答，就会有一千种答案
幸福无影无形，但它却让我们感受到无限的快乐

简单一点，幸福就在触手可及处

某天，在QQ群里和老同学聊天，几个人七嘴八舌地乱说，无非是些回忆往昔、感慨今天的话。正值而立之年，大家都少不得谈及自己的宝宝。

有人说：“我闺女说了，每天最高兴的事就是，妈妈给我穿衣服，爸爸冲我笑哈哈。”大伙就说：“这孩子有写诗的潜质嘛！”

有人说：“我们家宝贝就盼着我晚上不加班，陪她吃饭，然后到阳台上看星星。”大伙都笑，说这是个浪漫派的小姑娘。

有人说：“我一岁的儿子更了不起，最大的爱好是在床上捡我掉的头发丝，快乐系数跟头发的长短成正比。”这次大伙笑得最凶，觉得这小东西有贾宝玉的影子。

后来，忘了是谁，说了一句：“咱们大人跟小孩的思维就是不一样。他们高兴就是高兴，特别简单。咱们就非得在后面追加一个‘意义’。”

此语一出，大伙顿时哑口无言。

这难道就是我们幸福指数大跌的根源？

在小孩子看来，幸福都是些触手可及的东西——糖果、衣服、玩具，哪怕是一根头发丝，他们快乐得那么真实，不掺杂一丁点儿杂质。而我们这些所谓“大人”，是从何时开始把幸福定位在遥不可及的“潘多拉星球”的？

曾经看到有人在网络上篡改余光中先生的诗歌，改后大致如下：“小时候，幸福是一台电冰箱，雪糕在里头，我在外头。后来，幸福是成绩榜，尖子生在上头，我在下头。再后来，幸福是房价，它跑在前头，我追在后头。

最后，幸福是传说，不知怎么就到了尽头……”

看得人满心无奈，只想哭。

难道人长大了就真的没幸福了吗？

必须承认，这世界上有太多我们追求不上的东西，不光是房子、车子、票子。如果我们被这些东西压得丧失了感知幸福的能力，岂不相当于自杀？房子、车子、票子都是让我们的生活更有品质的“工具”，倘若为了追求这些而把自己弄得疲惫不堪，倒有些本末倒置的味道了。

所以，在追得太累的时候，在觉得不幸福的时候，不妨学学小孩子。他们稚嫩的小手不停地抓，都是在抓力所能及的东西。以自己为圆心，以胳膊为半径，努力去抓那些让他们愉悦、开心的东西。抓到了，他们就欢喜得不得了、幸福得不得了。

都说十指连心，手的触感和心的感觉贴得最近。因此，人在抓到某种东西的时候会有特别妥帖的踏实感。有些人睡觉时必须抱着枕头或者布娃娃，有些人看书时必须捧着一杯温水，有些人则习惯随手抓些零食来吃。这些都是“触手可及”的幸福，那样实在，那样简单。

曾经有一部电视剧让全中国的老百姓都跟着“走火入魔”，那就是《还珠格格》。里面古灵精怪的“小燕子”几乎一夜之间成了全民偶像，她调皮捣蛋、不守规矩、出口骂人、动手打人，办了坏事不道歉，做了错事也是一哭二闹为自己找借口。特别是在规矩重重、金科玉律无数的皇宫里，她这个“异类”把大家都折腾了个人仰马翻。

偏偏就是这位“混不吝”的民间格格征服了皇帝和亿万电视机前的老百姓。有几个人敢当众撒野？有几个人大字不识，成语不会就敢信口开河？有几个人敢在“领导”面前卖弄小聪明使小性子？只有小燕子敢。明明有点粗俗，却活得自由快乐；明明难登大雅之堂，却不把天王老子放在眼里；

明明胸无点墨，却敢挑战权威不服不忿。

小燕子带着一种黑洞般的自信，带着一种顽劣的生命张力。爱就是爱，恨就是恨，讨厌就是讨厌，黑白分明，无拘无束。大家都羡慕她，觉得她幸福至极。

当我们身处社会越来越久，面临的诱惑越来越多，考虑的问题越来越深入，面临的顾忌越来越多，再难做到小燕子那样的“自由”了。但是，这并不妨碍我们借鉴一点她的幸福哲学：她快乐，因为她简单。

其实生活本来就可以很简单，很多追不到的东西可以不追，很多背不动的东西可以不背，不属于自己的东西不去强求，适当降低对自己的要求标准。给生活做做“减法”，是非常有效的幸福法则。

许多人都相信多就是好，想要更大的房子、更好的车子、更多的衣服与更多的钱财。但人的贪欲无限，人对物欲的需求是个无底洞，无论已拥有多少，都不觉得满足。简单生活的概念并不强调限制获得财富，而在鼓励人认清生活的真相。

简单生活并不是要人放弃一切，相反，其目的在于通过简化生活，使人生存的空间更大，生活得更自在。

拥有较少的东西意味着不需要花太多的时间来照顾、清理或担心这些东西。每买一样东西都意味着要付出更多，同时也使后期的付出增加，就像高价买得一栋有前后院的别墅，后期就有频繁的锄草与维修工作。

在竞争日益激烈的现代社会，生活节奏也变得越来越快，人活得越来越压抑，越来越没有自己的空间。工作上的事占据了我们生活的中心，而在工作之余可以稍微放松时，却又被电视、电影、电脑游戏、健身场所、娱乐中心所淹没，在看似忙碌的生活中，我们几乎没有了独处的空间。

丁菲在努力奋斗了十几年后，成为了一个成功的作家、投资人和投资顾问。

有一天，她坐在自己的办公桌前，呆呆地望着写满密密麻麻事宜的日程安排表。突然，她意识到自己对这张令人发疯的日程表再也无法忍受下去了。自己的生活已经变得太复杂了，用这么多乱七八糟的东西来塞满自己清醒的每一分钟简直就是一种疯狂愚蠢的作为。就在这时，她做出了一个决定：她要开始摒弃那些无谓的忙碌，多给自己的心灵一点时间和空间。

于是，她着手开始列出一个清单，把需要从她的生活中删除的事情都排列出来，然后她采取了一系列“大胆”的行动。首先，她取消了所有电话预约。其次，她停止了预订的杂志，并把堆积在桌子上的所有读过、没有读过的杂志全部清除掉。她注销了一些信用卡，以减少每个月收到的账单函件。通过改变日常生活和工作习惯，使得她的房间和庭院的草坪变得更加整洁。她的整个简化清单总共包括八十多项内容。

丁菲深有感触地说：“我们的生活已经变得太复杂了。在过去，从来没有像我们今天这个时代拥有如此多的东西。这些年来，我们一直被诱导着，使得我们误认为我们能够拥有这一切的东西，我们已经使得自己对尝试新产品都感到厌倦。许多人认为，所有这些东西让他们沉溺其中并且心烦意乱，因为它们已经使得我们自己失去了创造力。

“因为受习惯的生活方式的影响，你每天有许多活动是不得不勉强去做的。追求舒适的习惯和烦琐的例行公事让你的日常生活落入浪费时间、浪费精力的陷阱，其实减少那些程式化的活动并不会因此减少快乐的机会。

“习惯驱使我们去做所有这些日常琐事。我们总是担心如果我们不去做，就会失去什么东西。其实，也许我们的确会失去什么东西，但是这没什么不好，我们还是好好地活着，而且活得更潇洒了。”

生活就像电脑的硬盘，琐碎的事情和物质的欲望如储存在硬盘上的文件，如果这样的文件过多，硬盘被全部占满，再储存重要的文件便没有了空间。而硬盘过满，电脑的运行速度也会大大减慢，甚至有死机的危险。

生活中有很多对我们来说并不是必需的东西，如果我们不停地追求这些可有可无的东西，生活空间就会被这些东西填满，内心也会被获得这些事物的欲望塞满，哪里还有空间容纳更重要的东西。看看那些在人类的艺术领域、音乐领域、科学领域做出过卓越贡献的人，像毕加索、莫扎特、爱因斯坦，这些人都生活在极为简单的生活之中，他们用简单的生活，赢得了更多的时间和空间，全神贯注于自己的事业，挖掘出内在的创造源泉。

让生活变简单代表着宁可选择租住一间便宜的小公寓，使每月有余，而不是拼命挣扎着要买一间大房子，变成房奴。吃得简单、穿得简单、生活得简单，总之，简化生活的主要目的就是让生活的空间更大，生活得更自在。

以车代步，导致四体不勤，身形日渐臃肿，只好又在周末休息时间花钱去健身，或买个昂贵的踏步机放在卧室里。但常因太忙或者懒惰，难以持之以恒：既然如此，为什么不干脆步行上班或骑单车上班，上楼时爬楼梯代替坐电梯呢？

丢掉烦琐，让生活变简单，这样我们才能拥有更大的生存空间，才能更简单轻松地走自己的人生路。

心灵箴言

让生活变得更简单，你便有更多的时间与自己对话，与家人相处，有更多的金钱与他人分享，有更多的能量去做有意义的事情。

平常心是道，平淡生活是福

每个女人，都期待着自己可以有一段不凡的爱情，并最终为那个人披上白纱，成为最美的新娘。而婚姻是非常神圣的事情，为了纪念这最完美的一幕，世界上也由此引申出了关于纪念日的寓意与各种命名。1 年，纸婚；6 年，铜婚；25 年，银婚；50 年，金婚；60 年，钻石婚。写到这里，你也许会问，应该没有比钻石更久远的婚姻纪念日了吧？

事实上，如果以法国人对结婚纪念日的命名来算，在钻石婚之后，还有 70 年的白金婚、75 年的白石婚，以及 80 年的橡树婚。被誉为神秘之木的橡树，在传说之中由希腊诸神之王宙斯所掌管，西方的许多国家也将其视为具有魔力的圣树。作为自然界最高大的树种之一，橡树还拥有着可长达千年的树龄。只要它还有时间与空间，它就会始终保持着向上生长的状态，对于爱情来说，只有恒久远才是无法超越的界限。

2014 年七夕的时候，微博、微信上那些被疯狂转载的爱情宣言，在一则短短数百字的新闻面前，都集体黯然失色。

新闻的主角，是一对来自山东威海的平凡夫妇，100 岁的宫德云与 103 岁的孙玉翠。这年是他们婚后一起度过的第 83 个七夕节，这个数字比被誉为婚姻纪念日最高点的 80 年“橡树婚”还要多 3 年。对于他们也许只能用中国的一句古语来作为总结，“死生契阔，与子成悦。执子之手，与子偕老。”

在微博上，我们看到记者所拍摄的那 5 张普通照片，是两位老人一天的普通生活。

第一张照片，是丈夫用颤巍的手，将自己在庭院里采摘的鲜花送给满脸皱纹的妻子，两个人的笑容很腼腆，似乎这还是两个人第一年结婚。

第二张照片，是丈夫在为妻子梳头，手持镜子的妻子在10年前因为小脑萎缩，逐渐丧失了一些动手能力，为了不让妻子感觉到生活不便，丈夫便照顾着她的生活起居。

第三张照片，是老两口一起坐在堂屋里，穿起象征爱情的巧饼，那个默契的定格让我们羡慕。

第四张照片，是家中的院落。丈夫在为花浇水，而妻子就坐在不远的地方，静静地看着。

第五张照片，是家中的炕头，两个人一起坐在那里看电视，洒下满屋子的幸福。

对两位老人而言，他们甚至不明白自己所经历的这段平淡生活，为什么会让这么多媒体争相报道。对于这一对夫妻而言，他们的眼中并没有金婚或者橡树婚的差别，她们用一生的努力付出所想要的回报，仅只是家庭和睦，一家平安而已。

想要得到更多关于这段动人婚姻素材的记者，走访了老人的子女与村里的村民。结果他所得到的回答，却都很简单。村民们所能够说的对于这一对老人的印象，是他们这么多年一直都很和善的性格；儿女们，所记得的也只是父母几乎很少吵架，认为心胸豁达是他们幸福和长寿的秘诀。那个采访的记者，应该是很失望的，好不容易找到的题材却没有更多可以发挥的地方。这对一起生活了超过三万多天的夫妇，就像所有的平凡夫妇一样过着最平淡的日子，而不是爱情的山盟海誓，生活的荣华富贵。如果一定要说有一些与众不同，那可能只是因为他们在一起的时间比别人足够久而已。

“执子之手，与子偕老。”是很多女人都期待的爱情状态，可是在一起变老的过程中，我们都没有办法承诺彼此，我们的感情可以永葆新鲜。相爱的两个人，必须用更多的时间去适应平淡的日子，并在琐碎的生活中找到属于自己的简单幸福。因为，一段轰轰烈烈的感情，并不是可遇而不可求，但是短暂的不凡之后，就算是公主和王子也必须面对柴米油盐酱醋茶的平淡生活；而能够在平淡中让你始终觉得心安，并且愿意相依相守的感情，却是需要用尽一生去守护的。

曾经有人用歌声“歌遏行云”，艺术人生“德艺双馨”来评价关牧村，作为我国著名女中音歌唱家的她，对自己的人生概括确是：平常心是道，简单生活是福。在她看来，不要把自己当成什么，才是什么；要把自己当成什么了，就不是什么了。

演出中，她是观众眼中有着很高造诣的艺术家。回到家，在丈夫的眼里，她只是一个普通的妻子，最拿手的菜是牛尾萝卜汤和包饺子。在儿子的眼里，她是一位和蔼的母亲，当三八妇女节收到儿子的短信祝福时，她高兴极了。她的业余生活就是读书，和朋友聊天、旅游，浏览名山大川，看《动物世界》。

因为拥有这一颗平常心，关牧村尽心竭力地成功扮演着自己的不同的角色，艺术家、妻子、母亲三个不同的角色，却付出了更多的耐心和爱心，虽然付出很多，但是还会得到很多。

现在，有很多女性一过了 35 岁就找不到工作下岗了，也有些单位根本不愿意要女人，有人问关牧村怎么看待这种现象？她讲到，其实中年女人更成熟，做事情更容易成功。她认为，中年女性不要失去信心。是的，当生活遇到挫折了，以平常心对待，不看轻自己，从容淡定的自信都是很重要的。

每个女人都有自己的生活方式，作为拥有满意工作的职业女性，工作中安守自己的本分，辛勤敬业，那么就会很轻松的拥有一段愉快的人生：作为全职太太，在家中任劳任怨的忙碌，相夫教子，那么，她的家庭也会更加幸福美满。

经常听到有些女性朋友在抱怨，抱怨孩子不争气，考试又没拿到第一；抱怨老公没本事，还没到中年却仕途不佳；抱怨自己体型太胖，和时髦的服饰无缘：抱怨工作压力太大，每天累得喘不过气来；抱怨薪水太少，购物还要精打细算……

就这样，再美好的光阴也如瓷器般破碎在了无止境的抱怨里。不要等到一切完美无瑕时才懂得享受生活，让平常心洗涤我们的心灵，于平淡中找寻简单的快乐，何乐而不为。

拥有一颗平常心的女人，会安于自己的选择，珍惜自己想得到并已得到的，不会去觊觎别人的成就，这样的女人优雅而从容。刻意的追求完美，却弄得自己伤痕累累，这是不可取的。有所得必有所失，失之东隅收之桑榆，这是自古常理，平心静气的做好自己的事情才是硬道理。如果定下了目标但仍战战兢兢，就要想想自己的能力，是否足够达到目标，而改变这种慌张需要的就是一颗平常心。平常心态有时比什么都重要，只要试着改变自己，培养好的心态，就会对生活重新燃起热情和希望。

拥有一颗平常心，就是让自己知道，既然改变不了环境，那就改变自己；改变不了事实，那就改变态度；不能控制他人，那就把握自己；你不可能万事顺心，但可以每次都尽心；不可能改变天气，但可以左右心情。不刻意强求什么，珍惜自己原有的，不去想那些遥不可及的，这样才能做个快乐的女人。

心灵箴言

拥有一颗平常心，这种快乐简单而又纯粹。这种快乐的源泉可以是看到早春里的第一片绿叶；看到一朵含苞欲放的小花；经历一场丝丝的小雨；伴着清风晚月夜幕的降临，躺在凉爽的竹床上看星星望月亮；甚至接到朋友一个温馨的短信；给好久没有见到的朋友一个拥抱，让彼此感到真的非常高兴，快乐原来是可以传染的。

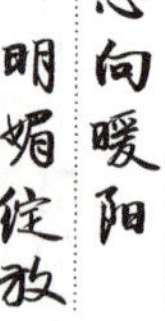

懂得放松，感受随意的小幸福

一个人去向一位智者请教如何才能活得快乐。

在参见大师后问："大师啊！我一直想要快乐，却无法得到，请问我如何才能找到快乐？"

大师的房里刚好有一只猫。猫的尾巴很长，它正转头在追逐自己的尾巴，一副旁若无人的模样。

大师指着猫问道："你看看这只猫，你觉得它快乐吗？"

那人看着猫。

猫一直在追自己的尾巴，忙得团团转，却又永远抓不着，不过看起来似乎很快乐。

他若有所悟而想回答时，猫却停了下来，拖着尾巴走出房间。

"快乐就像猫的尾巴，"大师说，"当你追逐它时，你永远抓不到它；但如果你不理它，你走到哪里，尾巴就永远跟在你的后面。"

越追逐快乐，越想得到快乐，就越无法快乐。只有不理会它，"蓦然回首"，才能发现自己已经乐在其中。不仅是快乐，世间的很多东西都是如此，你越是用尽心力追求得到它，越不容易得到，反而，当你坦然面对，以一颗放松的心去对待一切，活得自在、用心，很多东西会追随你而来。

在人生的旅途中，我们犹如蜗牛，背着家庭、事业、社会这些重重的壳，一步一步地艰难向前。我们不断地加快步伐，时而落后于人，时而超过别人，在一次次的失望中追求那偶尔的满足。生存的法则往往比命运还残酷，为了生活，纵然筋疲力尽，却仍不肯轻易认输。

但是，人总是需要放松的，总是需要给自己松绑，让自己的心情快乐起来。

当我们被工作的压力、烦琐的家务折磨的身心疲惫的时候，学会放松心情，去体会生活当中随意的小幸福，不仅仅是一种情趣，更是一种心灵的放松，给自己一点时间，放松心情，感受小幸福所给我们带来的温暖。

其实，幸福、快乐都是需要自己用心去感受的：

小时候练琴时，听到外面小孩子玩耍无比羡慕时，老妈大发慈悲的同意去玩一会儿，是一种幸福。

上了学，因为老师同学的赞美而骄傲地说给父母听，是一种幸福。

舞蹈比赛，站在舞台上的你，那一刻最幸福。

朋友在你完全忘记自己生日的情况下，为你一起过生日的感动，是一种幸福。

想法有人认同，失落有人安慰，和朋友、父母一次真心的交谈是一种幸福。

众多的人群中，因为一个人的笑容而感动，是一种幸福。

早上起来，想起昨夜做了一个好梦，是一种幸福。

说的话，有人听得懂，是一种幸福。

晴朗的天气，画一个淡妆，穿着舒适的衣服，哼唱着自己喜欢的歌，走在喜欢的路上，奔向想去的方向，是一种幸福。

弹熟了一个曲子，弹给想听的人，是一种幸福。

与好朋友，一起去游玩，用照相机记录下美好，是一种幸福。

饿了的时候，就有的吃，渴了的时候，就有的喝，是一种幸福。

路上看到白发的爷爷奶奶，仍然互相搀扶着，是一种幸福。

看着相爱的人结婚，那感人的场面，是一种幸福；共同抱着刚出生的宝宝，那温馨的场面，是一种幸福。

静下来写些东西，写些心情，是一种幸福。

你发现了吗？人生的幸福、快乐、欢喜之处，就在我们视线所触及的每一件小事情当中。当我们面对一件事情时，只要能够持一种放松的心情，一种欣赏的眼光，努力挖掘它内在隐含的乐趣，就算是再繁乱的活动，我们也将会感受到生活的愉悦和快乐。

幸福来之不易，得来却全不费工夫，不要在纠结得来困难的幸福，满足所拥有的幸福，找到使自己快乐起来的动力。人间有真情，即使是在这样的社会，向你周围的人付出真心，就会收获满满的幸福，它不像金钱一样看得见，摸得着，但却能体会的到，感觉的出。

曾听过一句话：生活在一个和平与民主的国度，没有战争，没有饥饿，是大幸福；享受美食，恋爱，安心地过日子，记下感动的瞬间等小乐趣，是小幸福。我们不是不幸福，只是我们忘记了细数幸福。其实，有许多细微的幸福，就躲藏在不起眼的角落里，只是上面覆盖着太多杂乱的东西，被我们忽略了。只要轻轻拂去灰尘，搬开那些杂物，幸福便会初露端倪。

身为平凡女子的晓雯，从不奢望那些自己够不着的东西，她只在一粥一饭间寻找淡而小的幸福。她说：“做女人，就要有把日子过成艺术的心境。”

在家里收拾旧物时，她发现一只旧纸盒，里面放着她年少时用过的东西。有一朵风干的蔷薇花，有一本鹅黄色的日记本，上面一行行稚嫩的笔迹，诉说着唯有那个时期才有的心情。还有几封手写的信，做过的手工，和折星星用的纸条。眨眼间，二十几年过去了，这些不起眼的小东西，随便拿出一件，都记载着一段故事，一份心情。她整理干净，悉心地保存好，这都是她的微幸福。她想知道，再过五年、十年、二十年，待自己双鬓斑白时，再看到这些物件，会是怎样的心情。

平常的日子里，把收到的那些祝福短信、感动话语抄写在自己最喜欢的本子上。难过的时候，拿出来看看，想想那些爱自己的人；无助的时候，拿出来看看，想想那些鼓励过自己的话。也许知心的朋友不在身边，可那份纯纯的关爱，却值得一辈子珍藏。毕竟，这也是人生可遇不可求的幸福。

她的小幸福还有很多，做一桌可口的饭菜，与孩子嬉笑打闹，与爱人共享电影；看看阳台上盛开的花，看看黄昏的落日，泡一杯清茶，听时钟滴答的声音，想想自己有家、有工作，想想家人健康平安，幸福的感觉便填满了心房。

真希望，世间所有女子都能如晓雯那般有一份感知幸福的心思，从微小的地方，短暂的瞬间，感受到生命的美妙。若真能如此，你便会发现，幸福其实一点也不昂贵。

心灵箴言

会放松的人一定是一个懂得生活的人，因为她知道何时紧握，何时放松，何时张开自己要飞的翅膀，何时找一个温暖的巢穴栖息。懂得生活的人必定是一个成功的人。在一个轻松的氛围下，你的心情就像春天的和风、像夏天的冰水、像秋天的露珠、像冬日的阳光。你会忘了所有的不快，就像天空里飞行的小鸟一样自由自在。

学会去爱，才能真正走上幸福之路

幸福是什么？是爱，是真爱。

在我们每个人的心里，都存在着一种信念，它提醒着我们什么是我们最珍视、最渴望的东西，那就是爱。

在《睡美人》这个神话故事中，女主人公从一位英俊的王子那里得到深情的一曲，因而从漫长的睡梦中醒来，来到王子居住的宫殿，从此两人过上了幸福的生活。这就是真爱的力量。

一个懂得爱别人的人，才有可能得到别人的真爱。

有这样一位老师，她在千钧一发之际把 7 位儿童推向安全地带。自己却在车轮下献出了生命。许多人都记得她是多么疼爱儿童，她为他们献出了生命，这是她一生奉献在幼教工作上的永恒纪念碑。有一位儿童的话最传神地描述了她的爱心，这位小孩子说："她永远是这么慈祥，从不发脾气，也从不骂人。"毫无疑问。这是一个懂得爱别人的人，也是一个懂得爱的含义的人。

真爱是接纳并且鼓励别人，是一种人与人相互给予的爱。我们也许正缺少这种爱意。我们之中有许多人一生中都只会依照自己的方式去爱，而忽视了别人的需求。举例来说，当我们在家里准备晚宴的时候，最在意的是家看起来亮不亮堂、菜肴精不精美，而不是我们的亲人。我们也许忘记了答应孩子们去野游的承诺，而只是以忙为借口。我们也许有一年没有送圣诞礼物给自己最好的朋友，原因是想不出送什么合适的礼物。我们一心所想的只是自己的风光和体面，而从未意识到如果沉迷在自我之中，将会没有办法向别人表达出真正的爱！

如果是这样的话，我们不妨尝试着去表达这种对亲人和朋友的真爱，我们会发现，表达或是给予真爱，会使我们感到快乐和满足，而这正是我们获得人生幸福的源泉。

在现代生活中，繁忙使我们的心灵处于沉睡状态。往往忘了什么是最要紧的东西，忘了爱到底是什么。

有一个小女孩，总希望能见到上帝。她知道要见到上帝得走很远的路，于是收拾好一个小旅行箱，里面装了几个小馅饼和几瓶饮料，就上路了。

她走过了三个街区，看见了一位老奶奶。她坐在路边公园的长椅上，凝神地望着在草地上啄食的鸽子。

小女孩在她旁边坐下，休息片刻，擦了擦汗，打开了小箱子。她拿出一个小馅饼正要往嘴里送，却发现老奶奶正望着她，好像她也很饿了。于是她把小馅饼送了上去，老奶奶感激地接过馅饼，并笑了一下。

这张笑脸真好看。小女孩想再看到一次，就又送给她一瓶饮料。老奶奶又向她笑了笑，小女孩高兴极了。

她们就那样坐了一个下午，一边吃，一边笑，可谁也没说一句话。

天快黑了，小女孩觉得该回家了。她起身离开椅子，走了几步，又转回来，她张开双臂紧紧地拥抱老奶奶，而她回送给她最美丽、最动人的微笑。

小女孩回到家，妈妈马上发现女儿的脸上洋溢着喜悦，于是她问："今天你怎么这么高兴？"

"我和上帝一起吃了午饭，"没等妈妈反应过来，她又加上一句。"你知道吗，我从没有见过像她那样美丽的笑脸。”

就在同时，老奶奶也回家了，她的脸上也满是喜悦。她的儿子十分奇怪地问：“妈妈，今天有什么事这么高兴？”

“今天中午我和上帝一块儿吃了馅饼，”没等儿子反应过来，她又加上一句，“你知道吗，她可比我想象的要年轻得多！”

爱之所以完美，是因为爱是无私的，爱是纯挚的，它只求更多地给予，而不求或多或少地索取，更不奢望过多的回报和酬谢。

有一篇文章这样写道：

生活，这位智者再次出现在我的考卷上，带着神秘的微笑问我需要什么。我的回答并不睿智，但充满感性。是的，我认为生活需要爱。

生活需要友情。试问友情是什么？是钟子期与俞伯牙的高山流水，断琴祭友？是马克思与恩格斯几十年的风雨同舟？还是……也许它只是F4一首温暖的《第一时间》，是朋友见面一声久违的“老友”，是患难中的一只温暖的手；或是同病相怜时一个会心的微笑吧。但，无论友情有多伟大，或是多普通，它一定是重要的！生活需要它！

生活需要亲情。敢问亲情是什么？是母爱的无私，还是父爱的含蓄？是女儿的乖巧，还是儿子的顽皮？或者……也许它只是满文军那首深情的《懂你》和那首耳熟能详的《常回家看看》；是旅游在外的思念的电话，是国外一次昂贵的国际长途；是母亲节时一束美丽的康乃馨；是一句关切的叮嘱；或是大雨中一把小伞撑起的一方晴空吧。但是，无论亲情是浓是淡，它一定每时每刻都伴随在你身边，把你的生活染得绚丽多彩。生活同样需要它！

生活需要爱情。请问爱情是什么？是杨过小龙女10年的不离不弃？是梁山伯祝英台化蝶的悲凉和千古传唱的《梁祝》？是琼瑶笔下的公主王子般的故事？还是……也许它只是情人节的一枝玫瑰，一盒巧克力；是患难中的一句深情的安慰；是平等的互相尊重的感情；是一个柔情的微笑；或是一次真诚的对视吧。但，无论流行歌曲把爱情唱得有多烂，或是多少人污辱了它的圣洁，生活依然需要它！

友情、亲情、爱情，三股爱的风在生活的海洋上吹起浪花，荡起涟漪。没有爱，生活将变得索然无味，了无生趣。让我们去珍惜身边的爱吧！生活需要它们！是的，大声再说一遍，生活需要爱！

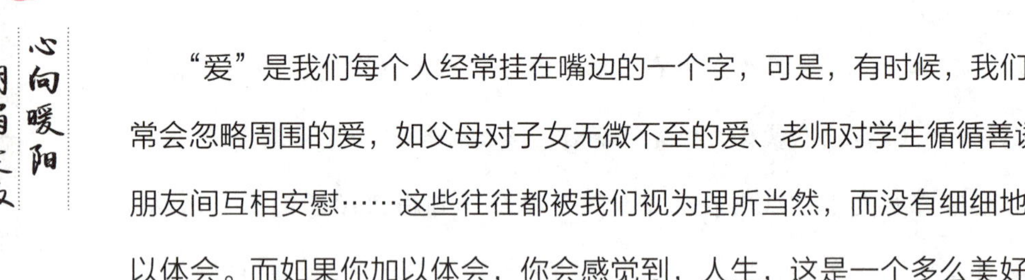

“爱”是我们每个人经常挂在嘴边的一个字，可是，有时候，我们也常会忽略周围的爱，如父母对子女无微不至的爱、老师对学生循循善诱、朋友间互相安慰……这些往往都被我们视为理所当然，而没有细细地加以体会。而如果你加以体会，你会感觉到，人生，这是一个多么美好的东西啊！

在很久以前，生命中所有的态度，都居住在一个美丽的岛上，他们一同生活，共同建造自己的天堂。这些具备个性的态度，包括希望、憎恨、怜悯、妒忌、愤怒、自负、爱等。

一天，这些态度们突然发现自己身处的小岛正在沉入大海。“各位，小岛正不断下沉，”野心向其他态度宣布，“我和创造商量过了，我们要修船去找新的居所。在那里我会将土地卖给你，然后在组织的带领下重建家园。我们必须离开此地。”最先离开的是冲动和轻率，跟着是悲观，然后是消极。侵略和固执则为应如何做而大吵大闹。挫折和冷漠不久亦走了，他们觉得命该如此，对其他同伴争论应走应留感到厌倦。被动不想卷入如何挽救这个岛的争论，也跟着走了。

就这样，所有的态度们都一个跟一个地随着船离开了岛，最后只有爱留了下来。爱对小岛的爱很坚定，他决定留守至最后一刻。当其他同伴纷纷离开时，爱则在岛上回忆着在这里的快乐日子。小岛快要消失了，没有一个态度尝试挽救它，爱只有依依不舍地离开。他没有准备船只，只有向其他经过的船呼救。

一天，财富的船只从爱身边经过。财富的船精雕细琢，是所有船中最大最快亦能航行得最远的。爱向财富喊道："财富，你能帮我离开这里吗？"财富说："爱呀，我不能载你，因为我的船载了很多金银珠宝，载不动你。"跟着来的是自负。"自负，请你救我！"爱企盼着。"我也很想救你，"自负说："但你全身湿透，会弄脏我的船的。"跟着他亦消失在大海中。然后爱看到希望，"希望，请救救我！"希望说："我希望你明白，我现在只希望这只船可以撑到对岸，对不起。"

小岛开始一点一点地往下沉了。爱爬到岛上最高的山尖，等待其他船的经过，但是，山尖现在只剩下一个小丘了。爱看到悲伤驶近自己，便对他恳求："悲伤呀，让我上你这条船吧！"悲伤对他说："噢，我太悲伤了，想自己一个人静静地过。"跟着来的是高兴，但他因为能够离开此地而太高兴了，根本听不到爱的呼救。恐惧驶近了，但他担心若被其他态度见到自己接载了爱，会被他们指指点点，最后亦没有伸出援手。爱向妥协求救，但妥协告诉爱要接受现状，与小岛一同沉入海底。爱向愤怒求救，但愤怒认为爱落到这样的田地是咎由自取，对其愚笨感到愤怒。

船只一艘一艘地驶近然后又驶远了，可是爱却始终没能够离开，他的心也跟着岛屿一点点地往下沉。水已经浸到爱的胸膛了。突然有一个声音说:“爱上来吧,我载你走。”爱大喜过望,立即跳上这艘肯救他的船。这艘船看起来十分老旧,饱经风雨的洗礼,但船身仍然坚固结实。

由于太高兴了,爱竟然忘了问救他的老者是谁。后来,爱向博学问道:“是谁救了我?”博学说:“是时间救你的。”“时间?”爱问:“时间为何救我?”博学说:“爱,你是所有态度中最伟大的,其他态度都不及你。你能忍受一切,你能承担一切,只要给你时间,你能治愈一切创伤。你知道的,只有时间能了解什么是伟大的爱。”

没有爱的财富,令人变得贪婪;没有爱的自负,令人与人之间的关系变得肤浅;没有爱的悲伤,令人变得以自我为中心;没有爱的快乐,令人失去怜悯;没有爱的恐惧,令人失去勇气和埋没良心;没有爱的妥协,令人对未来失去期望和信心;没有爱的愤怒,令人失去宽恕之心,而没有宽恕之心,无人能获得心灵的治愈。你对身边之人的爱愈能经受时间的考验,他们便会愈喜欢你。

或许直到物换星移,我们才能够明白真正的爱为何物。人与人相处时,总不免会有其他态度,如愤怒、妥协、自负、悲伤等,但记着要以爱对待所有的人。只要时间容许,爱能真正改变生命。

心灵箴言

只有做个懂得爱的人,才会真正走上幸福之路。一旦我们生活在爱之光的照耀下,我们自己就将成为一座灯塔。与其被人爱,毋宁去爱他人。因为，一个人只有忘我，才能发现自我；只有宽恕他人，才能被他人宽恕。我们只有爱他人，才会得到他人的爱；只有做个懂得爱的人，才会找到真正的幸福。

懂得知足，幸福就在你身边

现实生活中，我们每个人都是有欲望的，与生俱来的七情六欲，总是与我们的生命如影随形，无法规避。求生欲、求知欲、表达欲、表现欲、舒适欲、情欲，这六种欲望会以各种形式出现在我们的生活当中。虽然欲望很多，但各种欲望我们不可能同时实现。就如同当你只有一百块钱，可你需要在买一件你喜欢的裙子还是与朋友看一场电影之间做出选择。裙子，会满足你的表现欲，而电影则会满足你的舒适欲，而我们只能选择其一。

在欲望实现的先后顺序中，女人们还需要学会一件事，那就是将那些不必要的欲望关在门外。将每一次有限的可以实现的欲望的名额，留给那些真正可以让我们变得更好的欲望。“我觉得自己很不幸福，因为我周围的女伴不是比我有钱，就是比我更开心。”“我觉得我的丈夫太没有上进心了，每天只局限于把自己的工作做好，从来不去想要闯一番大事业。”“为什么在任何时候我还是不能随心所欲地买我自己想要的东西？”很多女人经常这样抱怨，这样抱怨的女人其实都有一个共同点，那就是对生活的失望。而归根结底，她们失望的根源则是她们不断膨胀的欲望。

文萍最近和闺蜜抱怨，说她丈夫自从进了一个国企，在升到部门主管的职位以后，就安于现状，不思进取，还借口说是要把主管的职责做好。她还抱怨与婆婆的关系也变得越来越不好了。闺蜜对她的烦恼感到有些困惑。她说，做到部门主管的位置已经不错了，再往上升就是经理，肯定需要较长的一段时间，且这并非易事，做好目前的事情并没有什么不对。可文萍却认为丈夫本身就有胜任经理、总经理的能力，所以不应该在部门主管的位置上停留。而谈到对她婆婆的不满，文萍则说到，自从有了孩子以后，她们在教育孩子的问题上产生了很大分歧，晚上她想给三岁的儿子读故事，婆婆却坚持让孙子早点睡，理由是孩子太小，过早接受教育会使他失去很多快乐。闺蜜认为这是两代人不同的教育方式，谁都没有错，而且认为文萍根本没必要生气，既是婆婆，做媳妇的就应该对她尊重，没有哪个奶奶会害自己的孙子。即便有观点不一致的地方，也可以适当和婆婆沟通，无论如何也不应该让矛盾白热化。

最后闺蜜总结性地对文萍说："我觉得你烦恼最大的原因在于你太贪婪了，而且什么都希望能够达到最好。"文萍则认为自己并不是一个不知道满足和有虚荣心的人，对孩子的教育她也觉得没什么不对。闺蜜帮她分析说，其实贪婪也并不是说一定要在物质条件上达到某种程度，你的贪婪是在对地位、荣誉方面充满急切的渴望，当这种渴望得不到满足时，你就会不自觉地感到烦恼。你的丈夫并不是不进取，而是基于现实慢慢来。而婆婆与你对孩子的教导仅仅只是方式的不同，但都是对孩子好，如果你觉得你的教育方法更科学，完全可以采取和婆婆好好沟通的方式，把所谓的矛盾看淡，这些烦恼完全是可以避免的。听了闺蜜的劝导，文萍若有所思，在接下来的日子她也渐渐改变自己的心境，试着把一些事情看淡，慢慢地她觉得内心舒坦多了，而且家庭也变得更加温馨了。

我们每个人心中都有欲望，但欲望却是可以选择的，我们可以将一些不必要的欲望关在门外。我们处在一个时刻都在抉择的人生当中，身处其中我们要面临形形色色的选择，有选择就有放弃。于欲望而言，我们要学会适当地放下，有时候适当地放下是一种更好的获得。

心茹自打结婚以后便在心里轻轻地告诉自己，要幸福，每一天都要好好过。人生苦短，女人美丽的容颜更是昙花一现，时光在指尖悄悄地溜走，她觉得自己必须尽快抓住幸福。

心茹只想和他牵手到老，也许，幸福仅仅只是这刹那间的感觉吧。夜里，她静静地躺在床上，被呼噜声吵得翻来覆去睡不着。摸黑起来喝瓶牛奶，闲极无聊，打开电视，频繁的调台找寻比较喜欢的节目以便打发时间。她不想吵醒老公，他要按时上班，而自己的工作比较自由，可以睡足再起床。

电视的声音被她调得很低，以至于他的呼声都盖过了电视的声音，她要看着下方的字幕才不至于弄不清剧情。就这样平淡的夜，听着他忽大忽小的呼声，看着不知所云的电视节目，刹那间她却觉得无比幸福。

她怕黑，在他出差时，她的房间里一定要开着灯，开着电视才能睡着。没事都尽量不去客厅，要喝水或去洗手间都要鼓足半天勇气。只有老公在的时候，心茹才敢不开灯在房间里走动。哪怕他睡着，打着呼，她都会安心。

明明知道老公其实也不是胆大的人。心茹不在的时候，他也会把房门锁死，并且加个椅子堵住房间大门，床边还要在伸手就能触到的地方放一根铁棍。两个胆不大的人在一起却是无比的心安。

几年了，他们分开的日子不会超过一个月，彼此的呼吸都是那样的熟悉。也许，就像他说的，爱情渐渐淡了，取而代之的是亲情。一千多个日夜相伴，感觉已融入彼此骨血。听到老公的呼吸，心茹的心才会跳动；他快乐，心茹的烦恼也会被抛在脑后；他爱吃桔子，家里就天天有桔子；只要他喜欢吃的菜，心茹都想办法学习。

要知道，从小到大，心茹都是十指不沾阳春水的。在厨房做饭也仅限于在妈妈回头切葱时，帮她把锅里的菜翻炒两下。可是现在，老公说心茹会烧的菜都是他爱吃的，而她则引以为豪。给老公倒水喝，做饭，洗碗，为他添饭，削水果皮，像宠小孩一样宠他。他快乐，心茹就幸福。老公事业不顺的时候，心茹就安慰他，逗笑他；快乐的时候，她就陪他大笑；悲伤的时候，她就让他重开笑颜。

也有生气吵架的时候。每当此时，心茹会觉得老公一点都不爱她，什么事都没为她做过，这么多年唯一送的一次花还是喝醉酒的情况下。从不对她说“我爱你”，唯一说过的一次，也是在和别人吃完饭、喝醉后还要去KTV继续，打电话告诉她时顺带说的。之后，无论是她威逼、利诱、耍赖、撒娇都无济于事，就是不说。她老公记不得所有和情人有关的节日，从未让她有过意外的惊喜。在家除了擦他自己的皮鞋，基本什么家务都不做。

可是，在生气时被她贬的一文不值的老公，往往会在一个转身后又想起：每次过马路他都会在车来的那边，为她挡住滚滚车流；夜里会记得给她盖被子；无论她做什么，他都无条件地支持，即使她说要辞职，他说好；她说要开网店，他说好，并为她提供资金；她说要买房，他说好，然后到处借钱；心茹的生意做不好，烦闷地诉苦，他却告诉她，有无生意并不重要，只要她开心就好。他的工资卡一直在心茹身上，从不过问。

心茹收入低的时候，怕被家人问及。他会说，自己找老婆是要来花钱的，只要她觉得开心就好，不指望她赚什么钱的。每当此时，心茹就觉得自己是世界上最幸福的女人，她觉得自己只要拥有他，就拥有了一切。

很多女人一直觉得幸福很虚幻，看不见摸不着似的。可对于忍受饥饿的人来说，也许能吃一顿饱饭就是幸福；对于有些物质上很富有的人来说，也许倾其所有都不能让他幸福。也许，一直被我们所忽略的，就是幸福吧。不是我们缺少幸福，而是没有发现幸福。

其实，对于幸福每个人都有自己的体验。就好像《天龙八部》里的虚竹所说：“我生平最快乐的地方，是在一个黑暗的冰窖里。”诚然，事业和社会成就、显赫的家族和体面的伴侣是幸福指数中重要的一部分，但最重要的依然是内心里的感受。我们曾经见过多少过着极其优越的生活却依然不快乐的男女啊。俗世的种种条件不过是幸福的条件之一，而自己的内心才是决定自己快乐与否的关键所在。

所以，一个女人全身心投入一份热爱的工作中就是一种幸福，全心全意的爱着一个男人也是一种幸福。能够明白自己想得到什么，并且愿意为之付出努力，这就是幸福。好好过日子，幸福就是这么简单。

心灵箴言

每个人对于幸福的追求不同，但请不要让强烈的欲望遮住了你的双眼，那样你会失去幸福，感觉不到它的存在。幸福就在你身边，它其实很简单，只要你知足，只要你愿意用心去靠近它。

学会选择，在取舍之间收获幸福

舍得，舍得，有舍才有得，先舍后得，多舍多得，不舍不得，舍即是得。这是一个看似很简单的道理，然而，要真正领悟其中的内涵并不容易，这里面渗透着人生的大智慧。许多女人在爱情、婚姻、工作或生活中，有着天差地别的人生境遇，说穿了，症结就在于：懂不懂得、愿不愿意舍弃一些东西。要知道，勇于舍弃，你才能寻找新的人生起跑点。

懂得取舍是一种智慧，是你获得幸福的保证。当我们无法改变一件事的时候，就要去接受它，去面对它，要拿得起，更要放得下。比如爱一个人的时候要放开去爱，你可以好好去爱，用心去爱；但如果不如意的事情发生了，就要勇敢地去接受它，果断地去放下它。

女人面对取舍时，往往有四种情况：拿不起，放得下；拿不起，放不下；拿得起，放不下；拿得起，放得下。只有拿得起又放得下，你才能成就最完美的人生。

相反，一个女人拿不起又放不下，或者拿得起却放不下，最终的结果往往是与怨妇结缘。保持理智不代表冷血无情，最重要的是女人在经历的过程中可以承受失败忍受痛苦，有享受美好事情的心境。拿得起却放不下的女人，只能做生活和情感的弱者，不懂舍弃的女人只适合做男人的附属品，对于搭售陪衬的东西是没有人会在意的，男人有权利随意处置，犹犹豫豫畏畏缩缩的女人永远也把握不住近在咫尺的幸福，恨天恨地怨天尤人的女人只会令人越来越厌恶。

有两位闺蜜，一个叫芳菲，一个叫文妮，论家庭背景，论学识能力等，她们各方面条件都相当。求学时期，她们都是漂亮又有气质的“校花”。毕业后，凭着出色的工作能力，及过人的胆识和冲劲，在职场上，在事业中，她们一路过关斩将，均身居重要职位。当面临适婚年龄时，她们也同时选择和学生时代就相恋的男友步上红地毯的另一端。但对二人世界经营方式的选择使得结婚成了她们人生的最大分水岭。

结婚后的芳菲，尽管在工作上仍然全力以赴，可是她开始慢慢在工作形态和角色上转型，例如不再像以往那样经常出差，希望在公私时间分配上能取得一个平衡点。公余之时，她愿意随时为家庭、为老公、为孩子付出，贴心地打点家中的一切。她总能在两全其美的情况下兼顾工作、家庭。让一路走来的男友老公看在眼里，更是感谢，反倒贴心地支持芳菲。甚至芳菲曾放弃大好事业，完全为小孩付出两年，再重新出发。这不但未曾阻碍她事业的发展，反而因为彼此的信任、谅解化为一股最厚实的动力，让她和另一半均无后顾之忧地向前冲刺。

而婚后的文妮，情况却完全相反，她和老公是学生时代就热恋的情侣，那时彼此都是校园里的风云人物，所以老公也想尽力让她发挥。但共同生活毕竟和谈恋爱有很大的不同，原本生性较为内敛持重的老公，还颇能体谅文妮，并试图以一个成功女人背后的好男人自居。但是，文妮不但不领情，还渐渐嫌弃老公。而且，文妮还常常把在公司里的副总架势原封不动地打包回家，难得与另一半分享两人时光，总是横眉竖目、气势凌人，甭提做家务事了。文妮在事业上越是红火，在家里的气焰就越嚣张。最终，她老公提出了离婚，并在外面看上了一个顾家的女孩。文妮死活不同意离婚，因为她深爱着自己的老公的，实在放不下，但她老公离婚的决心已定，文妮苦苦哀求，最终未能如愿。

仔细想想，在一个个大大小小的抉择面前，能否拿得起放得下，则会导致截然不同的人生。

拿得起是女人的胸襟，放得下是女人的睿智。失恋或者分手是大多数女人都会经历的，痛苦的感觉都是一样的，不要说你的爱情和别人不同，只是面对痛苦有的选择逃避不敢面对，而经历苦痛最终站起来的女人，才可以和幸福握手。

有时候，生活需要女人放弃很多东西，可能是财富、机遇或者感情。对于许多女人来说，生活的难题不是她们拿不起，而是她们放不下。有些女人是贪心的，她们不愿意丢掉紧紧攥在手里的东西，但却又想拿起更多的东西，最后背负的包袱越来越沉重。聪明而富有智慧的女人都懂得，无论做什么事，拿得起是一种勇气，而放得下才是获得幸福的度量。

心灵箴言

拿得起，放得下，是一个女人在生命里获得幸福的一则人生智慧。拿得起，是为人处世中的刚毅、自信和执著；放得下，是一种冷静、洒脱和胸怀。

心有阳光

处处温暖明媚

从容平和

事事云淡风轻